地 大地 大地 大地 大地 大地 大地 大地 大地 大地

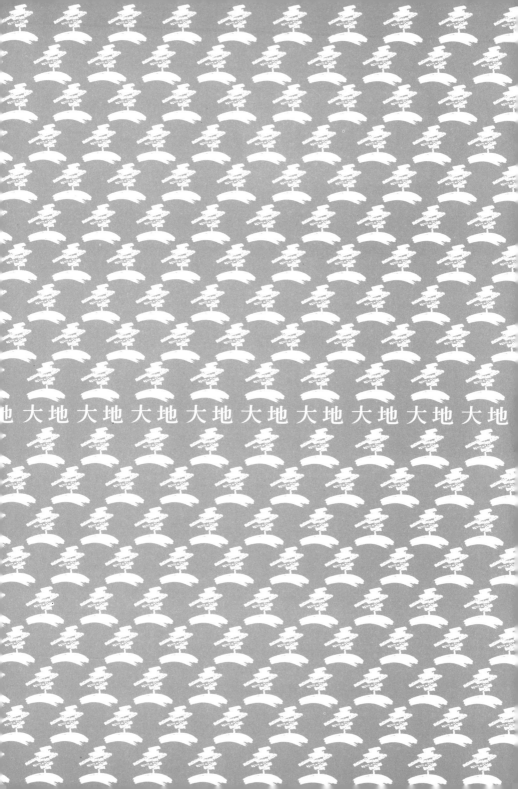

大地 大地 大地 大地 大地 大地 大地 大地 大地

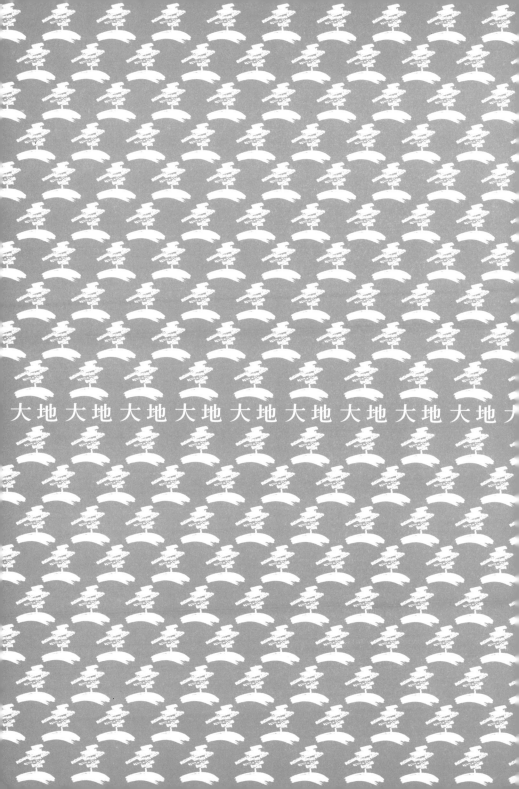

大雜燴

唐魯孫作品集3

唐魯孫著

目錄

饞人説饞——閱讀唐魯孫

逯耀東

前些時，去了一趟北京。在那裡住了十天。像過去在大陸行走一樣，既不探幽攬勝，也不學術掛鉤，兩肩擔一口，純粹探訪些眞正人民的吃食。所以，在北京穿大街過胡同，確實吃了不少。但我非燕人，過去也沒在北京待過，不知這些吃食的舊時味，而且經過一次天翻地覆以後，又改變了多少，不由想起唐魯孫來。

七十年代初，台北文壇突然出了一位新進的老作家。所謂新進，過去從沒聽過他的名號。至於老，他操筆爲文時，已經花甲開外了，他就是唐魯孫。民國六十一年《聯副》發表了一篇充滿「京味兒」的〈吃在北京〉，不僅引起老北京的蓴鱸之思，海內外一時傳誦。自此，唐魯孫不僅是位新進的老作家，又是一位多產的作家，從那時開始到他謝世的十餘年間，前後出版了十二册談故鄉歲時風物，市廛風俗，飲食風尚，並兼談其他軼聞掌故的集子。

這些集子的內容雖然很駁雜，卻以飲食爲主，百分之七十以上是談飲食的，唐魯孫對吃有這麼濃厚的興趣，而且又那麼執著，歸根結柢祇有一個字，就是饞。他在〈烙盒子〉寫到：「前些時候，讀逯耀東先生談過天興居，於是把我饞人的饞蟲，勾了上來。」梁實秋先生讀了唐魯孫最初結集的《中國吃》，寫文章說：「中國人饞，也許北京人比較起來更饞。」唐魯孫的回應是：「在下忝爲中國人，又是土生土長的北京人，可以夠得上饞中之饞了。」而且唐魯孫的親友原本就稱他爲饞人。他說：「我的親友是饞人卓相的，後來朋友讀者覺得叫我饞人，有點難以啓齒，於是賜以佳名叫我美食家，其實說白了還是饞人。」其實，美食家和饞人還是有區別的。所謂的美食家自標身價，專挑貴的珍饈美味吃，饞人卻不忌嘴，什麼都吃，而且樣樣都吃得津津有味。唐魯孫是個饞人，饞是他寫作的動力。他寫的一系列談吃的文章，可謂之饞人說饞。

不過，唐魯孫的饞，不是普通的饞，其來有自；唐魯孫是旗人，原姓他他那氏，隸屬鑲紅旗的八旗子弟。曾祖長善、字樂初，官至廣東將軍。長善風雅好文，在廣東任上，曾招文廷式、梁鼎芬伴其二子共讀，後來四人都入翰林。長子志銳，字伯愚，次子志鈞，字仲魯，曾任兵部侍郎，同情康梁變法，戊戌六君常集會其家，慈禧聞之不悅，調派志鈞爲伊犁將軍，遠赴新疆，後赦回，辛亥時遇刺。仲魯是唐魯孫的祖父，其名魯孫即緣於此。唐魯孫的曾叔祖父長敍，官至刑部次郎，其二女並選入宮侍光緒，爲珍妃、瑾妃。珍、瑾二妃是唐魯孫的族姑祖母。民初，唐魯孫時七八歲，進宮向瑾太妃叩春節，被封爲一品官職。唐魯孫的母親是李鶴年之女。李鶴年奉天義州人，道光二十年翰林，官至河南巡撫、河道總督、閩浙總督。

唐魯孫是世澤名門之後，世宦家族飲食服制皆有定規，隨便不得。唐魯孫說他家以蛋炒飯與青椒炒牛肉絲試家廚，合則錄用，且各有所司。小至家常吃的打滷麵也不能馬虎，要滷不瀉湯，才算及格，吃麵必須麵一挑起就往嘴裡送，筷子不翻動，滷就瀉了。這是唐魯孫自小培植出的饞嘴的環境。不過，唐魯孫雖家住北京，可是他先世遊宦江浙、兩廣，遠及雲貴、川黔，成了東西南北的人。就飲食方面，嘗遍南甜北鹹，東辣西酸，口味不東不西，不南不北變成雜合菜了。這對唐魯孫這個饞人有個好處，以後吃遍天下都不挑嘴。

唐魯孫的父親過世得早，他十六七歲就要頂門立戶，跟外交際應酬周旋，觥籌交錯，展開了他走出家門的個人的飲食經驗。唐魯孫二十出頭，就出外工作，先武漢後上海，遊宦遍全國。他終於跨出北京城，東西看南北吃了，然其饞更甚於往日。他說他吃過江蘇裡下河的鮰魚，松花江的白魚，就是沒有吃過青海的鰉魚。後來終於有一個機會一履斯土。他說：「時屆隆冬數九，地凍天寒，誰都願意在家過個闔家團圓的舒服年，有了這個人棄我取，可遇不可求的機會，自然欣然就道，冒寒西行。」唐魯孫這次「冒塞西行」，不僅吃到青海的鰉魚、烤犛牛肉，還在甘肅蘭州吃了全羊宴，唐魯孫眞是爲饞走天涯了。

民國三十五年，唐魯孫渡海來台，初任台北松山菸廠的廠長，後來又調任屏東菸廠。六十二年退休。退休後覺得無所事事，可以遣有生之涯。終於提筆爲文，至於文章寫作的範圍，他說：「寡人有疾，自命好啖。別人也稱我饞人。所以，把以往吃過的旨酒名饌，寫點出來，就足夠自娛娛人的了。」於是饞人說饞就這樣問世了。唐魯孫說饞的文章，他最初的文友後來成爲至交的夏元瑜說，唐魯孫以文字形容烹調的味道，「好像老殘遊記山水風光，形容黑妞的大鼓一般。」這是說唐魯孫的饞人談饞，不僅寫出吃的味道，並且以吃的場景，襯托出吃的情趣，這是很難有人能比較的。所以如此，唐魯孫說：「任何事物都講究個純眞，自己的舌頭品出來的滋味，再用自己的手寫出來，似乎比捕風捉影寫出來的東西來得眞實扼要些。」因此，唐魯孫將自己的飲食經驗眞實扼要寫出來，正好塡補他所經歷的那個時代，某些飲食資料的眞空，成爲研究這個時期飲食流變的第一手資料。

尤其台灣過去半個世紀的飲食資料是一片空白，唐魯孫民國三十五年春天就來到台灣，他的所見，所聞與所吃，經過饞人說饞的眞實扼要的紀錄，也可以看出其間飲食的流變。他說他初到台灣，除了太平町延平北路，幾家穿廊圓拱，瓊室丹房的蓬來閣、新中華、小春園幾家大酒家外，想找個像樣的地方，又沒有酒女侑酒的飯館，可以說是鳳毛麟角，幾乎沒有。三十八年後，各地人士紛紛來台，首先是廣東菜大行其道，四川菜隨後跟進，陝西泡饃居然也插上一腳，湘南菜鬧騰一陣後，雲南大薄片，湖北珍珠丸子，福建的紅糟海鮮，也都曾熱鬧一時。後來，又想吃膏腴肥濃的檔口菜，於是江浙菜又乘時而起，然後更將目標轉向淮揚菜。於是，金齋玉膾登場獻食，村童山老愛吃的山蔬野味，也紛紛雜陳。可以說集各地飲食之大成、彙南北口味為一爐，這是中國飲食在台灣的一次混合。

不過，這些外地來的美饌，唐魯孫說吃起來，總有似是而非的感覺，經遷徙的影響與材料的取得不同，已非舊時味了。於是饞人隨遇而安，就地取材解饞。唐魯孫在台灣生活了三十多年，經常南來北往，橫走東西，發現不少台灣在地的美味與小吃。他非常欣賞台灣的海鮮，認為台灣的海鮮集蘇浙閩粵海鮮的大成，而且尤有過之，他就以這些海鮮解饞了。除了海鮮，唐魯孫又尋覓各地的小吃。如四臣湯、碰舍龜、吉仔肉粽、米糕、虱目魚粥、美濃豬腳、台東旭蝦等等，這些都是台灣古早小吃，有些現在已經失傳。唐魯孫吃來津津有味，說來頭頭是道。他特別喜愛嘉義的魚翅肉羹與東港的蜂巢蝦仁。對於吃唐魯孫兼容並蓄，而不獨沽一味。其實要吃不僅要有好肚量，更要有遼闊的胸襟，不應有本土外來之殊，一視同仁。

唐魯孫寫中國飲食，雖然是饞人說饞。但饞人說饞，有時也說出道理來。他說中國幅員廣寬，山川險阻，風土、人物、口味、氣候，有極大的不同，因各地供應飲膳材料不同，也有很大差異，形成不同區域都有自己獨特的口味，所謂南甜、北鹹、東辣、西酸，雖不盡然，但大致不離譜。他說中國菜的分類約可分爲三大派系，就是山東、江蘇、廣東。按河流來說則是黃河、長江、珠江三大流域的菜系，這種中國菜的分類方法，基本上和我相似。我講中國歷史的發展與流變，即一城、一河、兩江。一城是長城，一河是黃河，兩江是長江與珠江。中國的歷史自上古與中古，近世與近代，漸漸由北向南過渡，中國飲食的發展與流變也寓其中。

唐魯孫寫饞人說饞，但最初其中還有載不動的鄉愁，但這種鄉愁經時間的沖刷，漸漸淡去。已把他鄉當故鄉，再沒有南北之分，本土與外來之別了。不過，他下筆卻非常謹慎。他說：「自重操筆墨生涯，自己規定一個原則，就是祇談飲食遊樂，不及其他。以宦海浮沉了半個世紀，如果臧否時事人物惹些不必要的嚕嗦，豈不自找麻煩。」常言道大隱隱於朝，小隱隱於市。唐魯孫卻隱於飲食之中，隨世間屈伸，雖然他自比饞人，卻是個樂天知命而又自足的人。

一九九九歲末寫於台北糊塗齋

唐魯孫先生小傳

唐魯孫，本名葆森，魯孫是他的字。民國前三年九月十日生於北京。滿族鑲紅旗後裔，是清朝珍妃的姪孫。畢業於北京崇德中學、財政商業學校。擅長財稅行政及公司理財，曾任職於財稅機關，對於菸酒稅務稽徵管理有深刻認識。民國三十五年台灣光復，隨岳父張柳丞先生來台，任菸酒公賣局秘書。後歷任松山、嘉義、屏東等菸葉廠廠長。當年名噪一時的「雙喜」牌香煙，就是松山菸廠任內推出的。民國六十二年退休，計任公職四十餘年。

先生年輕時就隻身離家外出工作，遊遍全國各地，見多識廣，對民俗掌故知之甚詳，對北平傳統鄉土文化、風俗習慣及宮廷秘聞尤其瞭若指掌，被譽爲民俗學家。再加上他出生貴胄之家，有機會出入宮廷，親歷皇家生活，習於品味家廚奇珍，又見多識廣，遍嚐各省獨特美味，對飲食有獨到的品味與見解。閒暇時往往對各家美食揣摩鑽研，改良創新，而有美食家之名。

先生公職退休之後，以其所見所聞進行雜文創作，六十五年起發表文章，民俗、美食成爲其創作基調，內容豐富，引人入勝，斐然成章，自成一格。著作有《老古董》、《酸甜苦辣鹹》、《天下味》、等十二部（皆爲大地版）量多質精，允爲一代雜文大家，而文中所傳達的精緻生活美學，更足以爲後人典範。

民國七十二年，先生罹患尿毒症，晚年皆爲此症所苦。民國七十四年，先生因病過世，享年七十七歲。

海天萬里為盧太夫人壽

今夏是盧母李太夫人八旬榮慶，旅美知好提到，在臺七十五以上年紀，當年在大陸聽過盧母元音雅奏的朋友，寫點文字，以申祝頌。前年盧燕女士應中華電視台之約，在國語電視劇裡鬟演「觀世音菩薩」，在下在華視週刊上，寫了一篇「盧燕盧母」，被盧燕看見，堅欲一晤。當時我住屏東，經民族晚報王逸芬兄電約北來，在王府跟盧燕賢伉儷敘晤一番，欣悉盧母在美精神健朗，遇有可造之材，靡不悉心教誨，循循善誘。平劇能在美國生根發芽，盧母實種其田。記得當年我也少年好弄，在北方與軒蓀兄共讌樂，今荷其敦囑，爲文以壽盧太夫人，不能不勉力以應了。

我從小就是標準戲迷，從民國初年聽小馬五「紡棉花」起，一直到抗戰初期爲止，日常生活大概總離不開戲園子。早年男女分班，除非祝壽彩觴公府酬賓堂會，很難得聽到男女合演好戲。肉市廣和樓的富連成早年不賣女座，四大名旦各班，雖然賣女座大多是樓上賣堂客，樓下賣官客，聽戲也得男女分座呢！因爲這個緣故，所以家裡人聽戲以坤班爲主，小孩也就隨同成了坤班小客人啦。先是鮮靈芝、張筱仙的奎德社在文明茶園唱白天，可以說風雨無阻，天天光顧煤市街的文明茶園，後來鮮靈芝、張筱仙隱息，又改爲城南遊藝園聽京戲。那個時候由琴雪芳挑大樑，唱了不久琴雪芳就自行組班，在開明戲院唱白天了。琴雪芳的戲班除了琴雪芳、秋芳姐妹外（秋芳原名秋選浮）老生就是盧母李桂芬。還有青衣李慧琴，武生梁月樓，後換蓋榮萱，花旦金少仙，于紫仙，小生胡振聲，小丑宋鳳雲，後換一斗丑。這個戲班樑柱齊全，在坤班來說夠得上硬整二字。

我從小最愛聽冷門戲，因爲若干幾近失傳的老戲，偶或在開鑼戲裡能夠發現。例如「神州擂」，「瘋僧掃秦」，「五雷陣」等等一類老腔老調的戲，全部淪爲開鑼戲，所以我幾乎每場戲都可以聽到拔旗吹喇叭。琴雪芳有時沒有戲，見我在樓上入座就拉了胡振聲到包廂裡來聊天。有一天盧母貼的是「斬黃袍」，雖然劉鴻聲的「三斬一碰」走紅一時，人人都喜歡唱上一兩段，可是坤班敢動這齣戲的還不多見。記得那一天盧母勾一字眉，龍衣華袞，唱起來滿工滿調，當時坤角有「三芬」，是張喜芬，金桂芬，李桂芬，稱一時瑜亮。可是「孤王酒醉桃花宮」，張、金二人都沒動過，祇能讓盧母一人專美了。

有一天琴雪芳貼演新排本戲「描金鳳」，前場盧母跟李慧琴唱「黑水國」，名票陶畏初，何友三，管紹華三位聯袂而來，全神貫注，一言不發的聽戲，聽完了整齣「桑園寄子」，我問他們何以如此入神，陶畏初比較爽朗，他說這是奉命聽戲。他們三位正跟老伶人孟小茹（註一）學這齣「寄子」。據小茹告訴他們說，李老板這齣「桑園」的身段非常細膩，特地前來「摟葉子」的（註二）。焉能不聚精會神的琢磨？我想這件事，直到現在盧母自己還不知道呢！

當年琴雪芳在華樂園的夜戲趙次老（註三）跟貢王爺都是池子裡常客。爽良、瑞洵、樊樊山、羅癭公、王鐵珊（註四）也是每演必到，其中貢王、瑞洵兩位對盧母的唱做最爲讚賞。當時盧母的琴師，也是經常給貢、瑞二老說腔調嗓的。他經常稱讚盧母氣口尺寸拿得準，噴口輕重急徐勁頭巧而寸，所以盧母一登場，池座有兩位戴帽頭的老者，每人用包茶葉的黃色茶葉紙，摺好壓在小帽邊上，遮擋煤氣燈的強光，就是貢、瑞二老了。盧母有兩次經紳商特煩唱「逍遙津」，就是此二老的傑作呢。當年趙次老在世，對於世交子弟之文采俊邁，蘊藉儒雅的青年，獎掖提攜，無所不至。春秋佳日時常邀集大家爲文酒之會來衡文論字，記得王懋軒、薛子良先生的令公郎都是當年與會的文友，其中有一位年方弱冠汪君，能寫五六尺的大字，次老教他行筆運腕，並且拿出盧母寫的大字給他借鑑，從此才知道怪不得盧母對於大字筆周意內，敢情平日是眞下過一番臨摹功夫的。有一年，冬令救濟義務戲，盧母貼的是「戲迷傳」當場揮毫，寫了「痌瘝在抱」四個大字，現場義賣，被藍卍字會會長王鐵珊將軍，以五百元高價買去，救濟了不少貧困。在北平專給人寫牌匾的書法名家馮公度，後來知道「戲迷傳」現場賣字的消息，深悔未能躬逢其盛，跟王鐵老一較短長呢。

趙次老對於度曲編劇興致甚高，琴雪芳所演「桃谿血」，即係次老手編，由羅癭公出名。劇中漁父一角，初排原請盧母飾演以壯聲勢，以盧母與趙府的交誼，似乎未便推卻，可是她格於搭琴雪芳不接本戲原則，也加以婉拒。後來趙次老以「旡補老人」名，給琴雪芳編了一齣「風流天子」，是爨演唐明皇楊玉環故事，唐明皇一角應當是老生應工，可是幾位老人家斟酌至再，始終都沒開口。最後由琴雪芳以小生姿態串演。盧母的風骨高峻硜硜自守精神，在當時梨園行可算是操履貞懿令人欽敬。

自政府播遷來臺，海外歸人，每每談到平劇在美國已經播種生根，近幾年更是日趨茁旺，盧母在美凡是虛心求教，眞想學點玩藝的男女，無不掰開啦揉碎了傾囊以教。今當盧母八旬設帨吉辰，敢弁數言，都是五六十年前往事，以介眉壽。

（註一）孟小茹工鬚生，爲早年梅蘭芳搭檔。

（註二）「摟葉子」係梨園行行話。意指偷學名角的特長。余叔岩曾於臺下偷學譚鑫培之技藝，如「問樵鬧府」出箱身段，「定軍山」下場耍大刀花等等，即從「摟葉子」

而得。

（註三）趙次老，即曾任東三省總督之趙爾巽，張作霖乃經其收編。

（註四）王鐵珊係王瑚之號，北洋時代北京直轄市市長（舊稱「京兆尹」）。

蹻　乘

國劇裡有若干特技，例如打出手，勾臉譜、吃火、噴火、耍牙、踩蹻，都是其他國家歌舞劇裡沒有的，祇有踩蹻跟芭蕾舞用樣用腳尖迴旋踢盪比較近似而已。

國劇裡旦角踩蹻，梨園行術語叫踩寸子，是最難練的一種特技，沒有三冬兩夏苦練的幼工，想把寸子踩得輕盈俏俐婀娜多姿，那是不可能的。當年老伶工侯俊山（藝名十三旦）曾經說過：「踩寸子是旦角前輩魏長生發明的，流風所及，後來旦角變成扮像、做表、蹻工並重無旦不蹻情形。科班出身的武旦、花旦，都要經過上蹻的嚴格訓練，不論嚴寒盛暑，由朝至暮，都要綁上蹻苦練，要練到走平地不聳肩不擺手，步履自然，進一步站三腳，站三腳是二尺高三條腿的長條凳，綁好蹻挺胸平視，不倚不靠，一站就是一二十分鐘，到了冬季要在堅而且滑的冰上跑圓場，耗蹻功夫做得越磁實，將來上台蹻工越好看。蹻工穩健之後，進而練習武功步法，還要顧及身段邊式（漂亮的意思）那比練武功打把子就更爲艱苦細膩啦。」練蹻的人腿腕腳趾，既要柔嫚，還要剛健，如果沒有剛柔相濟的條件，蹻是踩不好的。旦角一代宗師王瑤卿，就是因爲腿腕力弱，不適宜踩蹻，而創造所謂花衫子改穿綵鞋綵靴的。

早年的旦角衹分青衣花旦兩類，青衣以唱念爲主，花旦以說白做打當先，後來因爲武打撲跌容易弄壞了嗓子，花旦雖然重在念做，可是總也得唱兩句受聽才行，於是又分出武旦這一行，凡是蹻工好，把子磁實的歸工武旦，擅長做表念白，洵麗涵秀的歸工花旦，此外花旦，武旦就慢慢分家了。

當年打出手，以武旦朱文英最有名，他是李桂芬的父親，（臺視國劇社箱官朱世奎祖父）朱又名四十，他的打手乾淨俐落，又穩又準很少在台上掉傢伙，隻手拈鞭，更是一絕，手法技巧橫出，戢翼潛鱗極少重樣，踩著寸子來踢鞭，鞭硬而短，又沒彈性，前踢後勾，那比踢花槍在準頭上，就難易可知啦。余生也晚，衹是聽諸傳聞，未能親見。

蹻分文蹻武蹻，又叫軟蹻硬蹻，尺寸大小，寬窄蹻型都有規定，不能隨意更改，當年劉趕三唱探親家騎真驢登台，而且踩蹻，他那對蹻長度足有五寸，同行跟他開玩笑，說他踩的是婆子蹻。按照早年規矩，花旦一定要踩硬蹻，武旦才能踩軟蹻呢！文蹻聳直，武蹻平斜，其中難易可想而知。來到臺灣三十多年軍中劇校，倒是培植出不少武旦雋才，坐科時有老師的循循善誘，都能中規中矩，可是一出科搭班，就我行我素，任便自由、「拾玉鐲」的孫玉姣，「青石山」的九尾仙狐都不上蹻，長此下去，何忍卒言。

老輩名伶中余玉琴，田桂鳳，路三寶，楊小朵，十三旦都是以蹻工穩練細膩著稱的，劇評家汪俠公聽過余莊兒（玉琴）唱「兒女英雄傳」的何玉鳳，不但上蹻，而且施展了從台上翻下台的武工絕活，若不是蹻工挺健，尺寸拿穩準，池子裡豈不是一陣大亂。

有一年冬令救濟窩窩頭會大義務戲，在第一舞台連演兩晚，那時候田桂鳳已經隱息多年，爲了多銷紅票，見義勇爲，重行粉墨登場，跟張彩林，蕭長華唱一齣「也是齋」（又名「殺皮」）那時候田已年近花甲，眼神、手勢、蹻工、說白戲謔，細膩傳神，面面俱到，小翠花，芙蓉草的蹻工，都是一時翹楚，看了田老這齣戲，才知道人外有人，天外有天，衹有點頭讚賞的份兒了。

當年路三寶唱「貴妃醉酒」，楊玉環就上蹻，左右臥魚，反正叼杯，不晃不蹕柔美多姿，小翠花唱「醉酒」也上蹻，就是跟路三寶學的，要不是蹻上下過私功，就做不出紆迴曼舞蒨艷飛瓊的身段來了。朱琴心在未下海之前，在協和醫院充任英文打字員時候，就加入協和醫院票房，當時票房角色極爲整齊，花臉張稔年，費簡侯，丑角張澤圃，王華甫，老旦陶善庭，旦角趙劍禪，林君甫，楊文雛，朱琴心，鬚生陶畏初，管紹華，于景枚，武生王鶴孫。

朱琴心嗓子沒有趙、楊來得嘹亮，所以他跟陸鳳琴，諸茹香，律佩芳學了不少花旦戲，既然以花旦應工，自然就得練蹻了。半路出家，所下的功夫，比科班學生，更爲艱苦，他的「荷珠配」、「採花趕府」、「戰宛城」、「翠屏山」一類蹻工戲，絕不偷懶，必定上蹻，他的蹻工就這樣練出來了。有一次青年會總幹事周冠卿六十大慶，朱琴心也打算上蹻唱「醉酒」，考驗一下自己的蹻工，結果鳳冠霞帔，宮裝黎縧一扮上，迴旋屢舞沒法圓轉自如，等到正式爨演，恐怕一時把握不定，仍舊是換穿彩鞋上台，由此可見蹻工之不簡單了。

筆者聽路三寶的時候，尚在髫齡，那時路三寶已過中年，聽了他的「雙釘記」的白金蓮，「馬思遠」的趙玉兒，行兇一場披頭散髮，戟手咬牙，臉上抹了油彩，滿臉凶狠淫毒之氣，望之令人生畏，所以不愛看他的戲。有一年俞振庭的雙慶社在文明茶園唱封箱戲，譚老板特煩路三寶唱「浣花溪」的任蓉卿，說白做打都令人叫絕，每個下場譚老板都在台簾裡等候攙扶，聽說那一天伶票兩界占行差不多都到齊了，全是來摟葉子觀摩蹻工的，筆者當時還看不出所以然來，不過看他轉側便捷，環帶飄舉，動定自如，似乎跟一般武旦開打的套子各別另樣，覺得特別舒暢。

有一年那琴軒在金魚胡同那家花園過散生日，有個小型堂會，由倫貝子（溥倫）擔任戲提調，所以戲碼不大，齣齣精彩，老十三旦侯俊山，本來已經留起鬍子準備收山，回老家張垣，吃幾天太平飯，以娛晚年啦。誰知倫四爺死說活說，再加上那相的金面，情不可卻，又把新留的鬍子剃掉，唱了一齣「辛安驛」，這齣梆子戲，是十三旦老本行，走矮子，躡蹝步，驚鴻挺秀，清新自然，他能跟著鑼鼓點子走，配合得天衣無縫，讓台下觀衆顧盼怡然，絲毫不用替台上提心吊膽的勁兒，實在是令人嘆爲觀止的一齣好戲。

武旦的蹻，以九陣風（閻嵐秋），朱桂芳兩位的蹻，踩得最好，九陣風更爲綽約遒健。他畢生不穿絲襪線襪，永遠是一隻白市布納底襪子雙臉鞋，據他說不讓腳趾過份放縱，對踩蹻是有幫助的。他有一副銅底錫跟的蹻，是他一位在偵緝隊做事的把兄弟，送給他一塊紅毛銅打造的，不但軟硬適度，踢踔自如，而且不滑不澀，他凡是吃重的大武戲，或是堂會大義務戲，必定要用那副蹻上戲，才能得心應手。後來他的胞姪閻世善應上海黃金大舞台的約聘到上海闖天下，他就把這副蹻給世善帶去了。上海名票戎伯銘對蹻上是下過功夫的，他有一次試過那副蹻後他說：怪不得閻老九跟范寶亭合演的「竹林計」火燒于洪，兩人從桌子翻上〇下，既乾淨又輕鬆，不黏滯，不打滑，這副蹻可能幫了大忙啦。後來世善才慢慢體會出叔叔平素督功嚴厲，一絲不苟，望子成龍，愛護情深，也超乎一般叔姪之情了。

朱桂芳的蹻比九陣風稍微軟了點，可是他打出手踢鞭，走碎步，黏鞭得自乃父家傳，羅癭公說他粘鞭，有白居易所謂「輕攏慢撚抹復挑」的指法，算是形容得最得當了。上海有個武旦叫祁彩芬，他跟蓋叫天的兒子都會粘鞭，而且花樣百出，據他們自己說，係得自朱的傳授，諒非浮誇之言，臺灣新出的小武旦中，也有兩位會撚鞭的，雖然也有幾套花招，可是祇顧了撚鞭，腳底下踩的蹻，可就不太穩得住了。

徐碧雲在斌慶坐科時是演武旦的，因爲頭腦冷慧，開打彪健，極受班主俞振亭的寵愛，在科時像殷斌奎（小奎官）計艷芬（小桂花）同科師兄弟們，每天祇得兩大枚點心錢，而徐碧雲可以拿到六大枚，比小老板俞步蘭，俞華亭還多，算是拔了尖兒啦。徐的「取金陵」飾鳳吉公主，「青石山」的九尾仙狐，起打套子特別花俏緊湊，他跟小振庭（孫毓堃）「青石山」關平對刀，打得風狂雨驟，金鐵交鳴，鑼鼓喧天，嘎然而止。他掏翎子亮相，屹立如山，不搖不晃，必定得個滿堂好，足證他在蹻上下的苦功，是有代價的。可惜出科組班，竄紅太快，得意忘形之下，惹上了桃色糾紛，被警察廳緝獲，遊街示衆之後，遞解出境，以致不能在北平立足，浪跡武漢，狼狽川滇，潦倒以終，眞太可惜了。

宋德珠，閻世善，一個是戲曲學校武旦瓌寶，一個是富連成後起雋才，想當年戲校富社旗鼓相當，爭強鬥勝，互不相讓，教師們也個個卯上，加緊督功，孩子們也知道刻苦用功，於是造成了兩朵奇葩，德珠才華艷發，風采明麗，打出手快而俏皮，蹻工圓轉自如，有若花浪翻風，呈姸曲致。世善則不務矜奇，不事雕飾，打出手沉雄穩練，很少有掉傢伙情形，私工下得多，又出自家學，所以連兩位師兄方連元，朱盛富都嘆不如，後來世善在上海越唱越紅，終於在上海成家立業。至於宋德珠是朱湘泉手把徒弟，在他將近畢業的時候，戲校校長換了李永福（外號牙膏李）李對這位令高足異常鍾愛，練工方面一定走飄逸輕盈的路子，因爲過份榮寵，又染上了驕縱浮誇的習氣，雖然他去科後，能以武旦組班挑大樑，由於年輕人經不起物慾誘惑，貪杯好色，曇花一現，不幾年就聲光俱寂了。

賈碧雲是南方旦角，北來平津搭班，一炮而紅，賈的戲路子很寬，文武不檔，外加新戲老戲都唱，青衣花旦全來，北平名報人薛大可說：「賈初次到北平搭班，正趕上紅卍字會演義務戲濟貧，賈當仁不讓，爲了顯示他多才多藝，在「拾玉鐲」、「法門寺」裡先孫玉嬌，中宋巧嬌，後劉媒婆一趕三，給劉媒婆還添了不少逗哏的俏頭，從此「法門寺」一趕三的唱法，才在北平流行起來，追根究柢，就是賈碧雲開的端。」賈的蹻工穩，扮相後，尤其唱「小放牛」、「鳳陽花鼓」一類村姑鄉婦的戲，更顯得明艷婉孌，玉媚花嬌，特別受台下歡迎。北派「鳳陽花鼓」照例不上蹻，而賈的鳳陽婆不但上蹻，而且說一口地地道道的蘇北腔，加上兩個丑角何文奎，金一笑，又都是滿口揚州腔，三個人在台上編辮子載歌載舞，眞令人有耳目一新的感覺。

賈碧雲在北平載譽南返，林顰卿緊跟著渡海而來，他帶來短打武生李蘭亭，小生鄧蘭卿，老生陸澍田，小丑金一笑，連同下手把子，文武場面，浩浩蕩蕩到了北平，就在第一舞台安營紮寨，在當時第一舞台是北平最壯麗寬敞，容納觀衆最多新式戲園子，還有轉台佈景，祇有楊小樓在第一舞台組班唱過（因爲他是第一舞台股東）。至於梅、尚、程、荀四大名旦，在抗戰之前，誰也不敢在第一舞台組班上演，因爲園太大，上不了七八成座，面子也不好看，那時候北平戲園子不時興用擴音機，要是沒有滿工滿調的嗓門，坐在三樓後排往下看，人小如蟻，聲音似有如無，簡直跟看無聲電影差不了許多，林顰卿以一個南方角兒，初次來平，居然敢在第一舞台唱黑白天，膽識魄力可眞不小。

林顰卿每天晚上都是連台本戲，什麼「狸貓換太子」、「孟麗君」、「三門街」、「天雨花」等等，有時星期白天也唱：單齣戲如「杜十娘」、「陰陽河」，全本「寶蓮燈」、「妻黨同惡報」，想不到黑白天都能上個七八成座兒。林的嗓子雖然不錯，可是尾音有點帶沙，他的戲做工極爲細膩，蹻工爲柔媚自然，後來尙和玉加入，他跟尙的「戰宛城」，刺嬸一場翻騰撲跌，鬧猛火熾，比北派武功，別成一格。當時朱杏卿（琴心）還在青年會英文夜校就讀，他若干花旦戲，都經過林的指點，朱身材修長，總覺得上蹻之後，身量顯得太高，林告訴他說：「平劇裡若干花旦戲都踩蹻，才能顯出柔情綽態，絢麗多姿，自己千萬不能彎腰縮背，以示嬌小，如此一有顧忌，什麼婀娜艷逸的身段，就都表現不出來了，踩蹻是一種舞台藝術，跟芭蕾舞的舞鞋，有異曲同工之妙的。」朱琴心受了林這段話的影響，所以後來下海，凡是蹻工戲，如「得意緣」、「戰宛城」、「陰陽河」、「採花趕府」一類戲一律綁蹻毫不偷懶，老伶工的敬業精神，實在令人佩服。

田桂鳳、路三寶之後，小翠花的蹻工以巧緻多姿，風采盎然，稱爲獨步，小翠花自從鳴成和報散，轉入富連成習藝後，苦練蹻工，十年如一日，出科後就搭入斌慶社，俞五因爲社裡學生年齡稚小，叫座力差，於是約了若干帶藝而來的青年雋秀，旦角有小翠花、六六旦，生角有五齡童（王文源）楊寶森，後來又加入李萬春、藍月春、杜富興、杜富隆，人材濟濟，鼎盛一時，在科班中，跟富連成並可平分秋色。六六旦是梆子花旦，徐碧雲、俞華庭是科班裡頂尖兒人物，每天清早都在廣德樓戲台上練工，由俞贊亭照料督促，小翠花每天跟著大家一塊練工耗蹻，有一年冬天，他在冰上耗蹻，冰上有一塊冰疙瘩，他一疏神，絆了一個觔斗，手腕子折了不說，還把腳腕子擰傷，所以小翠花雖然踩得穩練，可是細一瞧走起步來有點裡八字，就是這個緣故。

小翠花唱「醉酒」永遠上蹻，是老水仙花郭際湘的親授，又經過路三寶的指點，他在「醉酒」裡有個下腰反叼杯甩袖左右臥魚身段，錦裳寶帶，釆縲飄舉，半斜半倚，慵妝醉態，姿式優美柔麗之極，看起來似乎不太難，可是臨場腰勁腿勁稍欠平衡，就難免出醜，就這個身段，不知練了若干遍，才敢在台上彎演。有一年王承斌在三里河織雲公所爲母做壽，中軸有一齣小翠花「醉酒」，梅蘭芳余叔岩合演「探母回令」。梅很早就進了戲房，爲的是看看于老板的「醉酒」，看完之後，梅跟人說：「看過于老板的醉酒，咱們這齣戲，應該掛起來啦。」雖然是梅的謙詞，可是足以證明小翠花的「醉酒」火候份量如何了。

荀慧生原名白牡丹，跟此間名花臉王福勝是師兄弟，荀在坐科時專攻梆子花旦，跟尙小雲是一時瑜亮，出科後就到江南一帶跑碼頭，經過南方高明人士指教，改工皮黃，唱做念打，一律走的是柔媚的路子，由陳墨香給他編了若干荀派本戲，大受婦女界的歡迎，後來因爲身體發胖，研究出一種改良蹻，給半路出家票友下海，沒有幼工的花旦大開方便之門，用不著三冬兩夏，踩冰磚，站牆根耗蹻練工了，國劇蹻工藝術能夠到現在維繫不墜，荀慧生的改良蹻實在有莫大影響呢！

繼小翠花之後，小一輩花旦蹻工好，要屬毛世來了，毛世來在富社坐科的時候，正式出臺以一齣「賣餑餑」走紅甚至廣和樓聽衆中，有所謂餑餑黨，那就是捧毛集團。毛嬌小婀娜，明眸善睞，做表入戲傳神，蕭和莊常跟蕭蓮芳說：「毛小五兒開竅得早，渾身是戲，將來可以大成，也能小就，你們要好好調教他。」

立言報的吳宗祜主辦童伶選舉，他以一齣「飛飛飛」（「小上墳」）奪得旦部冠軍，當時戲校的侯玉蘭認爲旦部冠軍，應當由正工青衣膺選，至不濟也得是花衫子，現在花旦鰲頭獨佔，實難甘服，後來吳宗祜拿出一封信給侯玉蘭看，是冀察政務委員會一位重要人物，寫給立言報社長金達志的一封信，打算購買十萬份立言報，把報上的選票全部投給毛世來，讓他榮登童伶主席寶座，吳接到此信，倉皇無計，求救於齊如山、徐漢生、吳菊痴等人，大家都期期以為不可，一直拖到選舉揭曉，李世芳榮膺童伶主席，毛世來榮獲旦部冠軍榮銜，足證毛世來當時在童伶中，號召力如何了。

毛世來兩個哥哥慶來、盛來都是摔打花臉出身，所以毛世來耳濡目染對武功特別愛好，他跟武旦閻世善一塊練工耗蹻，決不鬆懈偷懶，同科師弟小武旦班世超說：「毛師哥上蹻之後，力矯聳肩踏步，搖擺趨趄不良姿式，功夫下得深了，不但蹈蹈自如剛健婀娜，一曲『飛飛飛』宛若素蝶穿花，栩栩款款，他得了旦部冠軍，是實至名歸，要是有人還不服氣，那簡直是自不量力了。」毛世來對前輩師哥們，最佩服的是于師哥連泉，託人代為向小老板先容，極想拜列門牆，不知為了什麼緣故，後來忽然變卦，有人說小翠花看過毛世來的「小上墳」，認為毛的蹻工做表，都跟他相差有限，祇是火候尚未家，若再掰開揉碎給他一說，自己可就沒飯啦，傳言雖未必眞，可是毛世來想拜列門牆的夙願，倒是一點也不假！

故都劇評人景孤血對毛世來最為激賞，景說：「毛世來戰宛城鄒氏下場的走跟翠屏山潘巧雲的漫步，一個是孀居貴婦，愁眉蹙額，仍不失嫻雅修嫮的走，一個是柳彈鶯嬌，春情冶蕩，縱意所如的走，兩者身份不同，心情有異，所以走法輕艷側麗，自然有可算知人之言。

了差別。」如此說來，眞可謂腳跟能把心事傳了。徐凌霄稱景孤血劇評，能研幾識微，

臺灣的各軍劇團，近年來也培植出不少花旦武旦雋才，如劉復雯、姜竹華、楊蓮英、翁中芹，還有乾旦程景祥都是在蹻上，下過一番苦功，才有今天成就的，可是也有一些小一班檔的十之八九犯了聳肩、擺手、搖晃、站不穩的毛病，讓臺下看了眞替他（她）們提心吊膽捏著一把汗，近來看了幾齣小武旦們打出手戲，蹻沒練好先學會偷懶，「青石山」的九尾仙狐，「泗洲城」的豬婆龍都不踩蹻，大腳片踢八根槍，還掉滿臺，大概再過幾年，也跟要獠牙，洒火彩同一命運，自然而然歸於淘汰啦。

扇話

中國早年在農業社會裡，每年到了盛暑時期，甭說冷氣機，就連電風扇抽風機，一類驅暑散熱的工具，也是夢想不到的。所以到了溽暑逼人的夏天，無論是文人雅士，販夫走卒手中都少不了一柄扇兒，雖然團扇摺扇形狀各異，芭蕉鵰翎品質不同，可是其爲驅蟲招風的作用則一。

中國文學向來是蘊藉儼雅爲世所艷稱的，當年北平的書畫名家，每年春末夏初，總要在中山公園舉行一次扇面書畫展，全部都是扇面，每年都有不少創意之作出現，一張扇面一兩圓錢，最貴也沒有超過八塊錢的，中國畫會會長周肇祥（養庵）給這個畫展題名「楊仁雅集」既峭健簡古，又貼切清新，現在回想起來，讓人覺著中國文字實在太奧頤深秘了。

臺灣在光復之初，有人把大陸產品華生牌的電風扇帶來，拂暑生涼，算是最時髦的炎夏恩物了。可是過不了幾年，大同公司新產品大同電扇問世，物美價廉，經久耐用不說，最令人滿意的是轉動無聲，行銷不久，就變成家戶必備的拂暑工具。

近十年來臺灣工業起飛，經濟快速繁榮，電扇漸漸歸於淘汰，由冷氣機起而代之，照目前情形來看，各大都市固然都裝設冷氣機，就連偏僻鄉鎮，祇要電源無缺，也都裝上冷氣。自從產油國家，以石油爲武器，油價一漲再漲，大家爲了節約能源，於是又想起當年奉揚仁風的扇子來了。

依據古老傳說，扇子原名叫「箑」，是軒轅黃帝大破蚩尤之後，創六書，演陣法，定六律，作內經，制宮室器用衣物時候發明的。有人說周武王始作箑，亦作翣，以蔽喪襯，以飾輿車，箑從竹，翣從羽，推想是用竹片羽毛編織而成的扇子，在車前輿後障翳風塵的儀仗而已。唐宋以降，帝后乘輿儀衛所用長柄「掌扇」，實際是「障扇」，因爲音同，一直以訛傳訛，障扇就變成了掌扇了。

扇子的歷史悠久，從古迄今，種類繁夥，取材各異，大致可分爲：

「**羽扇**」：最早的扇子，是用鳥類羽毛編綴而成的，諸葛武侯羽扇綸巾，運籌帷幄，這位先賢的鵝毛扇子除了逭暑驅蚊，似乎決勝千里，那把羽扇還有其他的妙用呢！湖南是出產羽扇最有名的省份，他們以鷹雁鸛鶴幾種鳥類的羽毛薰染攢纈而成，美觀耐用，兼而有之，所以早年宦遊湘省外官進京，送人湖南羽扇，是最受人歡迎的禮物。晚清時期，芝麻鵰扇很流行了一陣子，鵰又叫鷲，種類極多，好處是羽管健韌，毫堅茸密，以東北長白山雪鵰，製出來的鵰扇最爲名貴，民國初年象牙柄的鵰扇，在北平古玩舖裡還偶有發現，彼時也要二三十塊銀圓，才能買得到手，其所以如此名貴，據說屋裡膽瓶裡插上一把眞正雪鵰或紫鵰羽扇，蚊藷蠋蠅都自動飛騰遠避！還有一說是患嚴重感冒的人，鵰扇輕揮，不必避風，也不虞再患感冒。

雁翎扇顧名思義是用大雁翎毛組綴的扇子。淸代在長城各口，除了戍卒之外，各設總兵一員駐守，惟獨雁門關除了總兵之外，還多了一位額外守備，每年交冬，大雁是一種候鳥，所有大雁都要經由雁門關南去衡陽迴雁峰過冬，聽說大雁飛經雁門關，大約是風向氣流關係，沒有一隻是從關上飛越的，一到雁門都是井然有序魚貫從戍門洞裡飛過，每隻大雁總要脫落雁翎一根，大雁來去胥有定時，當地人可以測知，叫作雁訊。等大雁過完，那位守備大人要負責點淸落翎數目，還要具摺賫呈兵部驗收，留備製造箭羽之需，另選部份精品送內務府驗收，製造長柄宮扇儀扇，發交鑾輿衛使用。至於內務府製來供應內廷用的雁翎扇，有少數流落到民間，物稀爲貴，再加上有人故意渲染，說是感冒虛弱的人，受不了硬風，用雁翎扇引來的是和風，一柄雁翎扇雖然比不上一把雕扇的價錢，可比一般鵝毛扇的價錢要高若干倍呢！

「**團扇**」：扇面是圓的，另有扇柄、犀角、廣漆、象牙、檀根無所不備，扇面則用綢絹紗綾，箑蒲、蘆莖綳裱編綴，江淹有「紈扇如團月，出自機中素」詩句，因爲團扇大半是絲絹製品，所以叫做紈扇，其形團圞似月，又稱「合歡」。

早年待嫁少女，都在女紅上下功夫，閨中鬥巧，扇面上的山水仕女翎毛花卉，或繪或繡，眞是星編珠聚，絢練敻絕，神鍼妙手令人嘆爲觀止。至於扇框扇柄，更是珠切象磋，玉琢金鏤，令人爲之目迷。這類團扇大多出自蘭閨雅玩，切至於仕宦商賈，因爲攜帶不便，除非隱居燕息文人雅士，偶或用來引風障日而已。

筆者早年在北平琉璃廠德珍齋古玩舖看見過一柄烏黑蹭亮廣漆大團扇，中分不規律什錦格，每格一景，畫的是西湖十景，署名林紓，是畏廬先生早年給貝子奕謨畫的。林琴南晚年雖然也偶或作畫，多係文人遣興，簡淡蕭踈，想不到畏老在畫藝方面，有如此深厚功力。當時係跟江西李盛鐸（大齋）太年伯同去，他愛不釋手，在世交前輩之前，我祇好割愛，想起十景中雷峰夕照，南屏晚鐘兩景佈局用墨悠然意遠，到現在還常在腦際縈迴。

有一次應湯佩煌兄之約在他石板房府上吃螃蟹，飯後，在他老太爺鑄新先生書房，看見過一把極爲別致的團扇，扇柄是鏤紋棕竹，並不稀奇，妙在扇面全部用朱黃色細篾片編成什錦花紋，中間豎立一座楬色木質雕鏤危崖，崖頂有一隻昂首翹足兀立的瑞鶴，鶴頂嵌有一塊珊瑚雕刻的鶴頂紅，中間鑲有小米粒大小銀珠五粒，鑄老說是在武漢商堡督辦任內，一位雲南苗族酋長，祖傳祭神用的黎香木截下來送給他的，這種木齡已有千年，不朽不腐，能避瘴毒，那五顆小銀粒，更是苗疆巫師行法用的至寶，如果經過修持煅煉，可役鬼魔，別小看那幾粒銀珠，雖然沒有傳過大法，可是三尺之內，蚊蟲蠅蟻絕不來侵的。湯住心居士是修持密宗正法的，對於驅魔役鬼，自有他一套看法，那扇上銀珠，既然能夠驅蚊逐蟻，所以他把那柄團扇就放在佛前供養了。可惜筆者去湯府吃螃蟹的季節，已屆深秋，北地寒早，蠅蟻潛踪，扇上銀珠是否眞能驅蚊逐蟻的功效，已無法試驗，未免令人失望。

「**摺扇**」：古稱聚頭扇又叫摺扇，據說從南北朝時代，就從高麗流入中國了。照宋人筆記記載，摺扇以蒸竹象牙爲骨，敷以綾絹，飾以金玉，元代高麗貢品中，就有摺疊扇在內，所以說摺扇出自高麗。扇子以蘇州杭州做的最爲精細工巧，文具莊南紙店，都以蘇杭雅扇來號召，就連夏天揹著串鈴箱，下街串胡同，給人換扇面，添扇骨、緊扇軸的貨郎兒，也都口口聲聲說他的貨色是從蘇杭兩州躉來的呢！

談到摺扇的扇骨和扇面，其中講究可多啦！要往細裡說，用兩三萬字也寫不完，姑且先從扇骨子來談談吧！

扇骨子約分竹、木、牙、漆四大類，拿竹扇骨來說就有若干種，最普通的是水磨竹，講究竹紋勻細平滑，裡骨軟中帶韌，不節不疣。棕竹顏色有紫、有黑、有褐，有一種竹節上帶白斑的，如果勻密適度，就更為名貴了。湘妃竹，據說大舜崩逝後，二妃哭帝，淚染於竹，斑斑似淚痕，所以叫湘妃竹，因為斑紋耀綵，奇裔交織，依其形態色澤大小，疏密，分為螺紋，鳳眼，紫菌，艾葉，烏雲，朱點等等名堂，這種竹子，以湘桂所產最佳，而桂尤勝於湘。當年收藏湘妃竹摺扇的，首推鹽業銀行韓頌閣，他有各種紋彩湘妃竹扇二百多把，不但扇骨子好，扇面上畫畫，都是由明到清時賢手筆，並皆佳妙，他視同瓌寶，放在銀行保險箱裡，不是玩扇子同好，他等閑不肯輕易拿出來供人鑑賞呢！

此外名琴師徐蘭園收藏湘妃竹的扇子也不少，徐在北平琉璃廠開了一家竹蘭軒，以製售胡琴二胡為主，胡琴上的「擔子」、「弓子」、「筒子」，都離不開竹材，所以他不時要跟竹行人打交道，有一年跟他交往多年一家竹行，年近歲逼，一時無法脫手，徐大爺一慷慨，二十多包材料，竹蘭軒一律全收給包圓啦（北平話全買下來的意思）。誰知後來打包一看，其中有四包全是湘妃竹，當然胡琴舖除了做擔子，根本用不上湘妃竹，別瞧徐蘭園是梨園世家，可是人極風雅古博，平日喜歡臨池揮洒一番，體勢極近樊雲門，幾可亂眞，閑來還愛盤盤漢玉，玩玩鼻煙壺，對於玩玩扇子，更是內行，這批湘妃竹經他量材器使，爬羅剔抉，居然讓他製成四十幾把上品湘妃竹的摺扇來。其中有兩把斑痕明晦，螺紋重疊，一把像極達摩祖師在蒲團上參禪打坐，意境高古，另一把彷彿游魚喋藻，也是栩栩如生，扇子打磨完成，正趕上紅豆館主溥侗到竹蘭軒小坐，徐大爺心裡一高興拿出來一獻寶，誰知侗五爺一陣軟磨，好說歹說，楞是把妙趣自然達摩面壁的湘妃竹扇拿走了，後來拿一部蔣衡寫的初拓十三經全套回贈，雖然也非常名貴，可是徐大爺心裡總覺得不十分愜意呢。

名小生姜妙香有把湘妃竹扇子，是馮惠林得自大內，給了女兒馮金芙，金芙後來給姜六續弦，所以這把扇子，落在姜六手上，扇子上竹斑，彷彿一塘荷錢游魚戲水，鱗鰭相接，可貴處在毫不彫鐫，純出自然，跟徐蘭園的那把，可稱天造地設的一對，姜聖人把那柄扇子視同拱璧。至於同仁堂樂元可，大隆銀行譚丹崖都珍藏有幾把名貴的湘妃扇，雖然都屬精品，可是要跟韓徐的收藏比較，似乎仍遜一籌。

「**烏木扇**」：文人雅士所用扇子中，烏木扇尺寸，算是最大的了，扇骨長度沒有少於一尺六寸的，寬度總在一寸以上。劉石奄在外間給人寫屏幅對聯，沒有帶鎮尺，就拿烏木扇子代替，取其寬長厚重，後來大家競爭大尺寸烏木扇，日久相沿成風，想買一把玲瓏小巧的烏木扇還不容易呢！烏木堅實，不易奏刀，所以烏木扇骨以素面不雕的居多，當年在上海給猶太富商哈同伉儷，設計建造愛儷園的烏目山人，因爲烏木跟烏目同音，他專門蒐集木扇子，重金不吝，他居然有名家彫刻極爲工細的烏木扇子六七柄之多，上海著名遺少劉公魯常開玩笑說，烏目之所以爲烏目，就是因扇子而享名的，否則誰也不知烏目山人何許人耶。

「**海象牙扇**」：海象是生長北極冰雪裡的，一對長牙可達三英尺左右，賦性兇猛，可是向來人不犯我，我不犯人，徜徉北極，在動物中算是一霸，因爲海象一發威，徑尺鋼板的艨艟巨艦都能弄穿，所以北極圈的動物誰都不敢輕易招惹牠。民初著名俄國通范其光（冰澄）擔任中東鐵路理事會華方理事時，關於中東鐵路的一切，事無巨細，全都瞭如指掌，俄方對范氏又敬又恨，千方百計壓迫范氏離職，到范交卸離位，俄方有一位理事，送了他一對海象牙，范做了幾十副牙箸外，把其中精華部份，製了兩柄摺扇子。

當時于嗽軒，吳南愚，沈筱莊幾位刻牙高手都在北平，他們能用單刀淺刻，在方寸象牙刻上六、七千個細如毫髮的小字，可是誰也沒在海象牙上試過刀，范冰老想在象牙骨子上彫刻字畫，他們都不敢應承，後來打聽到另一位名家白鐸齋刻牙刻竹，能用陽文深鐫，就以重金請白氏奏刀，一面刻的是般若波羅密多心經，另一面刻的是十八學士讌樂圖，刻成之後，他選了一把給曾任中東鐵路督辦的宋小濂，後來上海永安公司舉行過一次扇展，這把扇子曾經在會場展出，有人疑爲象牙，有人猜爲魚骨，但是誰也沒有猜出海象牙呢！

「**玳瑁扇**」：輕柔招風，過長過厚則易碎裂，所以全扇骨用玳瑁製的還不多見，蘇州靈巖山印光上人有一把全玳瑁摺扇，是印尼一位高僧所贈龜符呈斑，極爲稀見，一般玳瑁扇子，多半是鑲條嵌在竹心裡，有的什錦扇用玳瑁做截格骨柱，黑白相間，也很別致。

「**虬角扇**」：好像虬角一定要染成深綠或墨綠才合格局，因爲濃綠太顯眼，所以用虬角做扇骨的並不太多，從前北平打磨廠有一家虬角店，偶然間得了一塊虬角材料，足夠做一把摺扇的，經過染製後，綠柱爲烏，反而有一種古拙素雅風格，後來被名小生金仲仁買了去，配上泥金扇面，一面請姜妙香畫王者之香翠谷幽蘭，一面是朱素雲寫的半行半楷洛神賦，他視同珍寶，給荀慧生配戲時，在舞臺上曾經用過一兩次，平素還不肯隨便展示呢！

「**檀香扇**」：以廣東產的最有名，雲南龍陵的產品也很出色，檀香分黃白兩種，黃色檀香木紋柔細香氣馝馞，尤其婦女所用坤扇，平素用檀香末偎著，夏季拿出來使用，玉腕輕搖，不但馥郁滿室，而且避穢驅蟲，從前暑中問喪弔祭都換上檀香扇，就是用來驅除異味的。

至於白檀香產在深山嶰壑，採伐不易，所以白檀香扇子就極爲少見了，從前何成濬（雪竹）先生有一柄白檀香摺扇，窄骨密根，配上雙料泥金扇面，雍容華貴兼而有之。當年上海之花唐瑛女士也有一柄白檀香扇，據說是他夫婿從法國巴黎買給她的，翠鏤鸞翔，拿在綺袖丹裳美人如玉的手上，那種柔情綽態，美術家江小鶼說：「那種柔情綽態，活生生是一幅最美的畫圖。」

「**剔紅扇**」：剔紅俗稱「堆朱」，我國北宋時期就發明了，所謂堆朱，是把樹脂漆，配上朱紅色料，以堅硬的椕木作堆胎，塗上漆料，等漆乾之後再塗一層，一層加一層的堆集起來，可以堆到五十多次，漆越乾，層次越多，才算上品，把木板剝落，用精巧的手法剔抉爬磨，鏤刻出朱霞匎綵，九色斑龍的花紋來。

明代剔紅器具，以尊彝罍卣祭器，以檫盒手飾爲主，到了淸代，剔紅技術日有進步，才擴及文玩用品，如硯台蓋，剔紅筆管，加胎水盂，鏤空的如意等等，到了康熙年間更有巧匠，做出剔紅扇骨子來，乾隆喜歡以御筆宸翰寫成扇面，賞賜近臣，如果配以剔紅扇骨，恩寵殊榮，可就越發體面了，這種扇骨子，偶或流落民間，得之者無不視同瓌寶，民國初年琉璃廠鑑古山房有四把乾隆御筆剔紅摺扇放在一隻錦匣裡，索價五百銀元，以當時市價來講，實在令人咋舌。

「**葵扇**」：又叫蒲扇，粵省高要縣盛產蒲葉，質細而柔，所以蒲扇也是該縣特產，因爲銷路廣，利潤厚，所以在編織方面技巧橫出，花式翻新。廣東豪門巨室，到了夏季珠羅帳裡，總要放上一把細巧的蒲扇驅蚊。據說蒲扇搧出來的風柔和，風搧在曚矓欲睡人身上不會受涼，北方池沼水塘少，不生長蒲草，每年初春，有一種賣南菜擔子的小販輒轉度海北來平津叫賣，遇上大宅門好生意，少不得拿出幾把蒲扇來送給使女丫嬛做做人情，雖然一扇之微，可是比粗芭蕉葉又高明多了，加上物稀爲貴，受之者也都珍視愛惜，說不定主人家還要花錢買幾把來趕趕蚊子呢！

「**芭蕉扇**」：北方人叫它芭蕉葉，其實也是粗放扇蒲葉子編的，北方不出產芭蕉，以訛傳訛，就叫成芭蕉葉了，北方人用芭蕉葉的在勞動階層很普遍，誰又知道是從閩粵地區成包論捆，海運到黃河流域來銷售的呢！三十五年春節，熱河北票煤礦同仁爨演平劇，生旦淨末皆全，獨缺小丑，有一齣玩笑戲打麵缸，王書吏一角楞拉筆者承乏。王書吏出場例應拿一把芭蕉葉還要剪去四邊，遮著面孔出場，才合格局；當時，東借西尋，整個煤礦就是找不出一柄芭蕉葉來，年輕人甚至於不知芭蕉葉是什麼樣，敢情自從九一八瀋陽事變發生，海運斷絕，難怪熱河年輕一代沒看見過芭蕉葉了。

前些時大鵬在文藝中心公演有一齣香妃恨，有一場馬元亮飾演紀大學士在內廷編纂四庫全書頂翎黼黻，手上偏偏搖著一柄芭蕉扇，似乎有點不倫不類，可是據夏元瑜教授說：「別看那把不起眼的芭蕉扇，還是從美國買來的呢。」筆者聽了一把芭蕉葉都要從國外進口，似乎渾身都有一種說不出的滋味，我想與我有同感者，必定不乏其人。

廣東人做生意，腦筋特別靈活，他們鑑於杭州西湖名產天竺筷子，用鋼針畫畫題字，非常別致。新會有位姓伍的秀才，靈機一動，認爲何不在芭蕉葉上也火繪一番呢！可是芭蕉葉脆質輕，比在筷子上火繪，可又難多了，太輕燒不出火紋來，重了會把芭蕉葉燒穿成洞，經他用心琢磨，居然讓他研究出一種可行方法來。他在芭蕉葉上輕輕撲上層滑石粉，要細要勻，鋼針的熱度要控制適當，火痕過處山水人物，花鳥蟲魚，都能得心應手栩栩如生，這樣一來，他火繪芭蕉扇的生意自然日昇月恆，沒過幾年，他已面團團做富家翁了。

北平藝專有個學生，因爲愛聽大鼓，整天往天橋如意軒和茂軒捧大鼓，缺課太多，被學校勒令休學，他窮極無聊，於是躉點粗芭蕉葉，在天橋擺地攤賣扇子。他在油布上畫好三種圖案，一是猛虎踞林，一是龍潛巨浸，一是龍鳳交吟，他先把圖片蓋在扇面，以圖釘嵌牢，再用一種無色無臭的膠質液細刷均勻，放在一具帶有小風箱的炭爐旁吹拂三五分鐘，拿去圖片風雲龍虎各具妙姿，好在不沾污，不落色，索價僅十大枚銅元，一天賣上一兩百把，足夠他當日買醉聽歌的了，可惜抗日軍興他就失去了踪跡，他的煙薰藝術也就失傳後繼無人了。

「**潮扇**」：是廣東潮州特產，製扇子的竹筋光緻柔細，軟中帶硬，扇面所用葛紬，也是織出來給潮扇專用的，潮州扇行有專畫扇面的師傅，他們專賣加官晉爵，財源輻輳，天官賜福，五子登科一類吉祥畫，布局著色衣著臉型都極爲工整富麗，雖然稍有匠氣但不庸俗，所以體面一點的人家，夏天膽瓶總會揷上一兩枝潮扇驅暑，潮扇好處是輕而招風，物稀爲貴，現在也成爲古玩舖的古董啦。

摺扇因爲攜帶方便，扇面上又可以題詩作畫，頗有保存價值，早已成爲文人雅士把玩珍藏的古董。有專門講究玩扇骨的，論彫刻有「單刀淺刻」、「雙刀深刻」，種種不同的刀法。以式樣分有「陽文皮彫」、「陰文皮彫」、「代沙地」、「不代沙地」種種式樣。早年白鐸齋、于歗軒、吳南愚、沈筱莊、張志魚都是京華刻牙刻竹的高手，白鐸齋所刻陽文深刻的扇骨子，更是一般玩扇子朋友所公認個中魁元，于吳兩位牙優於竹，沈張二人竹勝於牙。而沈筱莊書法雖不高明，而竹刻仿前人山水人物，行楷篆隸，確能深入神髓，維妙維肖，民國二十年後，沈因目力腕力均不如前，衹應刻牙而不刻竹，一把沈氏陽文皮彫沙地精品，就要七八十元一柄了。

談扇面以同道堂精選，一面泥金，一面硃砂稱極品，這種內廷特製御用扇面，不但泥金勻緻厚重，而且不用撣粉極易著墨，眞品在扇面左下角，有一葫蘆形同道二字暗記，另面硃細色鮮，永遠如新，筆者見過一柄黑漆嵌螺鈿的扇子，一面泥金是淸高宗御製詩秋興律詩，另一面硃砂底是畫苑沈恭工筆大青綠勾金線一株翠竹，上面落著一隻翡翠鳥，顧尾剔翎，朱紅濃綠，不但畫好，在配色上更見巧思。

洒金扇面，又分洒金跟五色塊金兩種，洒金要細密勻襯，塊金要金縢光瑩，不簡不繁，這種扇面多半是御苑淸玩偶或賞賜詞臣勳戚的。

綾絹扇面，據說是江南織造的貢品，顏色分淺綠、磁青、粉紅、絳紫幾種，尤其青紫兩色，因白菱研金銀鉛粉寫字作畫，吃墨受色，滑潤流暢異常名貴，外間極爲罕見呢！

乾隆皇帝最好吟詩題字，讓造辦處仿宋製了一批染色扇面，雖然色澤淡雅，可是容易褪色，於是讓造辦處到江西的鉛山、臨川、鄱陽，浙江的常山、上虞、紹興、松山，安徽的歙縣、宣城等處重金禮聘各地造紙名家雲集京都。除了遵古仿造各式箋紙外，並且兼製各種扇面，於是粉箋、蠟箋、蜀箋、葵箋、籐白、羅紋、觀音、龍鬚、碧雲春樹、團龍翔鳳、金銀砑花扇面則五彩粉披形形色色，紙張則仿宋仿明淸奇奧古，靡不悉備，後來進一步更能仿造經箋、磁靑、高麗髮箋，可稱洋洋大觀。

宣統出宮後，故宮博物院曾把庫存一批皮貨，綢緞、茶葉、藥材箋紙扇面一併標售，箋紙扇面早被琉璃廠幾家識貨的古玩舖囊括瓜分，筆者在傅沅叔家看見過幾卷蠟箋，幾張朱黃色扇面，都是從琉璃廠古玩舖搜求來的呢！他聽榮寶齋掌櫃的說，扇面精品都被湖社畫會的管平湖、何雪湖兩人重價得去，何雲湖後來以一百銀元一張代價，讓了兩張泥金扇面給吳湖帆，吳自己捨不得畫，又不願請人畫，抗戰時期被梁衆異強索而去，眞是太可惜了。

筆者在無錫，看見當地巨紳楊贊韶手上拿著一把出號大摺扇，一面畫的是鬼趣圖署名遯夫，一面寫的是全部孝經，署名花之寺僧，原來是揚州八怪羅兩峰的大作，扇子長近三尺，寬約寸半，比起當年北平市井混混兒（不良少年）手裡拿的那把水磨竹絳紫油布面，上繪梁山好漢一百單八將鋼軸大摺扇還顯得雄偉。當時我覺得很奇怪，常人何用偌大摺扇，楊又是位文弱書生，拿在手上實在太不相襯，彼此初交，又未便動問，後來經柳治徵前輩告知，這種鉅型摺扇叫做神扇，是每年城隍老爺保境安民，出巡轄內，信士弟子黃沐恭繪，敬獻城隍使用的，北方各省很少舉行城隍出巡盛典，所以這種出號尺寸的神扇，就極爲罕見了。

先姑丈王嵩儒僑寓嶺南多年，有很多廣東習慣，有一年在北平寓所忽然一高興，做起七巧節來。他家寶禪寺的花廳，前廊後廈幽敞崇閎，從玉堂到月台紫檀八仙桌一張接一張擺滿了都是小巧珍玩，精細陳設，同時陳列著牛郎織女衣物用具，例如牛郎簑衣芒鞋長不盈寸，織女的花鞋丹裳，以暨車輦傘扇比一般玩具還小著若干倍，都是出自蘭閨雅興，妙手裁成。其中有一柄檀香摺扇，長僅寸半鏤空鑿花，居然有書有畫，我當時認爲這恐怕是世界上最小的摺扇了，誰知今年春間在外雙溪故宮博物院，看到十全老人珍玩小多寶格裡，有一把棕竹摺扇，長度尙不足一寸，雖然不能打開來觀賞，料想必定是詞臣供奉們精心之作，那比舍親府上所見那柄迷你檀香扇，又小巧精緻多啦。

從前相聲藝人侯寶林說：「從搧扇子就可以看出拿扇子人的身分來了，搧扇子可分五大類；是『文胸』『武肚』『媒肩』『優頭』『僧道領』。文人學士舞文弄墨，勞心多，勞力少，只要淸風徐來，搧搧胸襟，就足以逭暑卻熱了，所以叫文胸。武人勇士，身強體壯，整天要耍刀練劍，勞力多於勞心，箑扇輕搖，實在不能解暑，腕力又強，襠腹首當首衝，所以叫武肚。百家門的三姑六婆，站在人面前總是脅肩諂笑，除了自己掩面遮羞，就是對當事人逢迎揮扇，扇子多半搧在對方肩膀上下，所以叫媒肩。早年平劇演員，無論三伏天多麼炎熱，也沒有歇夏一說，戲裝又是裡三層外三層密不透風，名角伏天登台，跟包的除了擦汗飲場之外，還有一份兼差，就是站在下場門用木頭把兒大鵝毛扇子給角兒打扇，不管搧出的風有多衝，可是怎樣也透不過釆錯鏤金的戲裝去，所以在台上打扇，衹能一扇一扇的往頭部推送，所以叫優頭。早年在戲班裡，還有一項不成文的規定，凡是在台上給藝員們打扇，用大蒲扇，大芭蕉葉，或是各種翎毛羽扇均可，惟獨不准用鷄毛攢的扇子，按說鷄毛扇搧出的風寒能徹骨，亡人停屍待殮，用鷄毛扇過搧過，可以延長腐臭時間，梨園中避忌甚多，所以沒有用來打扇的。和尙老道所穿海靑鶴氅，厚重阻風，內衣鬆寬，拉開衣領來搧，才能迎涼解熱，所以叫僧道領。」侯寶林這段話，可以說觀察入微了。

民國初年時興了一陣子合錦摺扇，葉楚傖先生跟吳蓉女士結褵之喜，葉楚老認爲有兩件賀禮是他最珍視的，一件是袁寒雲用宣德朱紅錦絹親筆集句喜聯，上聯是「一夜入吳，雙棲鸞鳳。」下聯是「千秋題葉，獨占芙蓉。」語雖近謔，但信手拈來貼切工整，才人吐屬，畢竟不凡。另一件是張溥老送的一把集錦扇子，兩面詩詞書畫，都是黨國碩彥，針對新人嘉禮初成催粧畫眉之作，旖旎清蔚，的確是一件珍品。

鹽業銀行張伯駒，玩扇子是馳名南北的，他所收藏扇子以時賢書畫爲主，因爲他是戲迷，跟梨園中能書善畫的名角們，都有深厚友誼，所以那些人的字畫，可以說他網羅靡遺，筆者看見過他的一柄集錦摺扇，一面是梅尙程荀加上王琴儂的畫，另一面是余（叔岩）言（菊月）王（鳳卿）時（慧寶）加上郭仲衡的字，這幾位的字畫，在梨園行可算一流高手，而且跟張伯駒的交情都非泛泛，所以每人都是用筆精審，雅贍工緻，比起他們平素一般應酬字畫，氣格意境就迥不相同了。

有關扇子的遺文佚事尙多，一時也說之不盡，容以後再談吧！

鐵臂大元「蟀」

——秋涼白露話蛐蛐

蕞爾小蟲卻有不少麗雅的芳名

我在四五歲沒到讀書年齡，每天清早也就是曚曨亮，就起床磨著家裡護院的武師馬文良學拳腳，學不了三招兩式，又嬲著他帶我到曉市抓草蟲，好拿回來餵鳥，據說像頦頦、八哥一類能言會哨的鳥類，要給牠活食吃，羽毛才能光滑，哨聲才能清脆。

抓回來的蟲兒，自然蚱蜢螳蠖什麼都有，有一次在盛草蟲的口袋裡，倒出來兩隻迷你型的小蛐蛐來，叫的音調悠揚清越，我捨不得拿來餵鳥，於是裝在一隻火柴盒裡，送給祖母去看，她老人家對鳴蟲種類認識得最清楚，說那不是小蛐蛐叫金鈴子，是蟋蟀別種，江南一帶很多，平津各地可極少見，當年住在蘇州，每年初秋，牆陰幽草裡都有金鈴子鳴聲斷續，音波柔美，列爲蘭閨雅玩，北方人不認識牠是金鈴子，楞叫牠金鐘，稱之爲小蛐蛐則可，叫牠金鐘可就錯了，說完順手從抽屜裡拿出一隻精緻細巧牛角彫花嵌有玻璃的小盒來，讓我把那對金鈴子挪到牛角盒裡飼養，此後才引起我後來養蛐蛐的興趣。

開始讀線裝書的時候見到一個「蛬」字，老師說音「鞏」，祇知道是一種昆蟲，後來讀「爾雅」才知道「蛬」就是蛐蛐最古的名字。別看蛐蛐是蕞爾小蟲，可是特別受人的青睞，給牠起了若干芳名，文人雅士呼之爲「秋蟲」、「秋蛩」，閨中巧婦喚牠「促織」、「趨織」，南方人稱之爲蟋蟀，北方人叫牠蛐蛐，本省朋友又叫牠烏龍仔。蟋蟀二字名稱雖雅，可是音促而仄，所以大家就都叫牠蛐蛐也比較順口而且通俗些。

掏蛐蛐要懂門道，絕不許空手而回

北方捉蛐蛐叫掏，南方叫灌，行家一聽你叫捉蛐蛐，就知道您是新出道的雛兒了。每年一過中秋莊稼收割之後，青青草原就可以下鄉動手掏蛐蛐了。在北平掏蛐蛐很少單人獨騎，都是約上三五同好，趕在關城門之前出城，事先準備好乾糧水壺電筒藥物，帶著掏蛐蛐一應工具，長短鐵扦子，鐵頭手錘子，蛐蛐罩子，冷布做的晾子口袋，此外水囊、小噴水壺、火柴、悶燈都是必不可少的物件。掏蛐蛐專家要手腳輕耳音好，一聽見蟲鳴，就能斷定這條蛐蛐的強壯老幼，是上將之選，還是下駟之材，值不值得捉捕，蛐蛐雖然軀體很小，可是聽覺銳敏，而且異常油滑，牠一聽到腳步聲，把翅膀一壓，就能讓原來的聲音韻律變得忽遠忽近，讓掏蛐蛐的撲朔迷離，摸不清方向，牠好從容逃遁。

蛐蛐都是穴居的，不管是土堆、石縫、樹根附近公蛐蛐（俗名二尾）牠的巢穴洞口，總有一小塊地方，收拾得平滑乾淨，以便引誘母蛐蛐（俗名三尾）來媾合的場所。掏蛐蛐的認準方位，找到洞穴，在距離洞穴半尺左近，把扦子插了進去，用火摺子或手電筒照向洞口，把扦子一搖撼，蛐蛐受了震動，蛐蛐驚慌失措，必定是三尾先蹦出洞來，立刻用罩子把牠扣上，等不了一會，二尾也跟著蹦出來了，也用罩子扣住，蛐蛐都喜歡往罩子頂上爬，這時候把晾子口袋鬆開袋口，把罩子對準袋口一吹，蛐蛐就自然蹦進口袋了。有經驗的人碰上運氣好，一晚上平均掏個二三十對是常有的事，可是熬一整夜白跑一趟的，也不算稀奇，不過掏蛐蛐有個小迷信，假如那一晚毫無所獲，再不濟也要掏一兩對梆兒頭回來，說是壓罐，否則這一季別想掏到好蛐蛐，（梆兒頭是一種祇叫不鬥的蛐蛐，叫起來聲如敲梆子聲音，所以叫牠梆兒頭。）這雖然是一種迷信，可是掏蛐蛐的朋友都信守不疑。

四黃八白九紫十三靑共分三十四等

有專門經驗養蛐蛐高手，把蛐蛐分爲四種，計爲四黃、八白、九紫、十三靑共分三十四等，黃種以銅皮黃爲上選，白種推白麻頭最傑出，栗殼紫是紫種裡魁首，藍頷頦是靑色裡狀元。以色澤論大致是白不如黑，黑不如紫，紫不如黃，黃不如靑，話雖如此，可是某種色澤中出了一隻桀桀大材斬將奪旗勇冠三軍的巴圖魯，也不是沒有的。以型態論，顱額要方，頸頷要壯，腿脛必長，翅翼能張才算上選，至於頭尖、頸縮、腿短、腳軟就品斯下矣。關於賈似道《促織經》所列琵琶翅、梅花翅、靑金翅、紫金翅、烏雲翅、齊脊翅、錦簑衣、三段錦、紅鈴月、額頭香、色脂鈴五花八門的匪號異名，全憑豢養者任便吹噓，並沒一定準繩的。

蛐蛐決戰能夠沉著耐戰，是勝敗的關鍵，這跟牠生長的地方關係最大，蘇州有位最負盛名的蛐蛐把式席師傅他說：「生於淺濕溫土者其性軟，生於石隙幽岩者其性剛，生於蓼渚蘆灣者其性和，生於砂岩枯木者其性躁，生於墳墓礫邱而體碩聲昂者，必定勇往直前，淩厲耐戰，堪當總戎之選。」這些說法是根據《促織經》蟋蟀譜記載，再加上臨場觀察實際經驗薈萃心得而來，都是十分可靠的。

盆養之外，還餵蚧蛤穌、蝦虎蛋以壯筋骨

蛐蛐按大小、輕重、色澤分類後，再把犯有仰頭、捲鬚、嗑牙、晃腿種種不敦品的剔除外，然後把材堪大用的一雄一雌放在一個罐裡，把式們的行話叫「盆」起來，等到正式下場才不會躁進而有耐力。養蛐蛐第一要手輕心細，而且要有耐性，蛐蛐罐子在使用之前，先得用細砂土砸底，（北平蛐蛐把式總提倡用平則門外核桃園的細砂土，說是軟硬粗細最爲適宜，其實無非騙東家幾文腳力而已。）以免存水，每天清晨趁露水未乾，先把罐子洗涮乾淨，然後把食鹽水罐也沖洗一遍，把毛豆砸碎放在食罐裡，清水添在水罐裡，更講究的人家，甚至於把荷葉上的朝露接下來，給自己心愛的秋蟲當飲料，說是可以增長氣力。

蛐蛐把式更各有各的秘方飼料，什麼蚧蛤酥、鱖魚腦、蝦虎蛋、芡實肉、松子仁、茯苓葉都是他們用來強壯蛐蛐筋骨的營養劑。

蛐蛐罐裡還要安放一具「過籠」大約有四分高，六分寬，兩頭有洞供蛐蛐出入，原料以澄泥燒的居多，年代越陳越好，因爲新的過籠火氣沒褪淨，蛐蛐的鬚容易變脆，一下鬥盆一兩回合就會拗折，雖然無關勝負，可是對於聲勢，可就大有影響啦。

談到蛐蛐罐兒，講究更多，凡是玩蛐蛐的，從南到北都知道趙子玉的罐子最好，玩

家要擁有眞正趙子玉的罐子半桌以上才算夠譜兒（半桌十二隻）。趙子玉是河北省三河縣人，他畢生以燒蛐蛐罐爲業，他家有塊坨地，土質細膩光潤，製造蛐蛐罐來澄泑似玉，不傳熱，不滲水，共有大小兩種，大的五寸見圓，小的只有三寸半，蓋子厚重有五分高，蓋起來嚴絲合縫，絕不透光，蓋底罐底都燒有「古燕趙子玉」五個字長方正楷圖記。

舍親札克丹送我的趙子玉蛐蛐罐

筆者剛懂得養蛐蛐，在舍親札克丹家，偶然發現他家從小客廳到花園，中間有道花牆子月亮門，裡外鏤空牆壁光滑不見苔痕，細一看才知道整堵花牆子都是用蛐蛐罐堆砌起來的。札家原本是清朝世襲鐵帽子公，他的府門有一副對聯，是順治的御筆，上聯是「開國元勳府」；下聯是「除王第一家」，字雖普普通通，可是口氣豪邁，遙想當年他家氣勢如何烜赫的了。

據說札的先世最愛鬥蛐蛐，到了晚年不養蛐蛐，就把積存的蛐蛐罐砌成花牆子了，他知道我正在養蛐蛐，就說砌牆的都是普通罐子，過一兩天挑選幾個好一點的送給我玩，誰知過沒幾天，他帶著聽差，挑了一圓籠蛐蛐罐，一共是全桌二十四隻，親自給我送來，他告訴我市上賣的鐫有趙子玉圖記十之八九是贋品，他家砌牆的雖然都是眞正趙家窯的產品，但是普通貨，送給我的才是精品呢！

他指給我看罐蓋底沿鐫有一隻小葫蘆中間還嵌有一個篆書趙字，凡是有葫蘆趙字的，都是趙子玉特選澄泥，親自動手燒製的，一共也不超過四百幾十隻。據說早年趙子玉在三河縣得罪了某王府一位皇糧莊頭，不但揑詞要送官治罪，而且仗勢要把他那塊澄泥坨地沒官，幸虧札公爺在三河有塊旗地，廉得其情加以援手，親自到王府關說剖白，趙子玉那塊寶地才獲保全，趙子玉爲了感恩圖報，凡有精品出窯，總忘不了送札恩公一份。我把札府送我的蛐蛐罐蓋子翻過來細瞧，果然都有比玉米粒稍小葫蘆趙的標誌。同仁堂的樂詠西說：「他也有兩隻葫蘆標的趙子玉的罐子，比一般趙子玉罐子要重八錢。」我上戥子一秤，果然一點也不差。

蟲將軍拗怒興戎，頭觸交鋒

鬥蛐蛐必須使用「探子」，又叫扦子來挑鬥，最原始是使用促織草，其形狀彷彿牆頭長的狗尾巴草，一莖四穗，對節而生，綠野隴畝之中到處滋長，每年陰曆四月底五月初草長到六七寸長，就把它採下來，剝開穗頭，莖皮裡層，有三寸多長一撮柔韌軟鬚，經過日晒風吹，鋒芒變得更爲柔軟，上鍋蒸熟去其青草味，陰乾之後，拿來驅尾撚鬚，既能觸發牠的戰鬥性，又傷不了牠的鬚尾，當年蛐蛐販子都附帶賣這種扦子（南方叫探子）。後來有人動腦筋把象牙或骨頭籤兒，用黃蠟絲線纏上幾根老鼠鬚當扦子，那比促織草又高明多了，一般蛐蛐把式爲了鋪張炫耀，更是琢石磋玉，技巧橫出，把自己用的扦子刀尺得（裝扮的意思）珠光寶氣以抬高自己蛐蛐的身價。

把式們說：「鼠鬚扦子有家鼠田鼠之分，雌雄老幼之別，其中還有不少竅門，足以影響戰鬥的勝負。」那些是屬於把式們的奧秘，就不肯隨便告訴人啦！

我國古代鬥蛐蛐，原本是觀賞牠的智力、視力、膽力、體力、腳力、牙力看看蟲將軍們拗怒興戎，佛鬚切齒，頭觸交鋒各種姿態的一種娛樂，後來才演變成以牠們的勝負來做賭注，未免就失去娛樂價值了。

臺灣在日據時代，以賭注鬥蛐蛐就很流行，爲了掩飾賭博行爲，美其名叫「秋興」，既然含有賭博性質，主持這種賭局的自然魚鱉蝦蟹品流龐雜了，不是錢財來路不正的有閒階級，就是帶點流氣的紈袴子弟，總而言之、開設賭局，必定有黑社會人物檔橫，還得有日本刑警撐腰，否則沒有不垮台的。賭局老板叫柵主，市區開局多在夜晚，鄉村則在白天，至於時間地點，流徙不定，有跑腿的用暗號隨時聯絡，局外人是無法窺其堂奧的。

以蟲會友，勝負只是茶葉幾包

賭場為防被抓，不用現金，一律用特製的小竹牌子當籌碼，一根牌子叫一枝，金額大小由鬥者雙方臨時約訂，自己沒蛐蛐而參加下注叫幫花又叫跟彩。有些人不養蛐蛐專門幫花，所下彩頭比本主還大，要是勝了，本主還能反過來向幫花的吃紅，這種幫花大戶，是賭場裡最受歡迎的角色，贏家按一成給賭局抽頭，賭注越大，分的彩金越多，自然他們視為財神爺啦，以上這些都是里港鄉一位老鄉長自身經歷親口告訴我的。

至於北平鬥蛐蛐表面上是以蟲會友，可是勝負分明之後，負方要送勝方幾包茶葉，算是請朋友們喝茶道謝助威，不算賭博，所以大明大擺不怕官方加以取締。早年北平東西南北城各有一處蛐蛐局，其中以西城的規模最小，南城的最大，筆者在學時期，家裡雖然不禁止我養蛐蛐，課餘跟同學們鬥蛐蛐玩則可，到蛐蛐局去賭鬥固所嚴禁。就是去賭局參觀，家裡也在禁止之列，西城的蛐蛐局豐盛胡同西口關帝廟（俗名小老爺廟）跟舍間相距不過百步之遙，可是格於家規，始終未敢越雷池一步。

有一天警察廳內二區署長殷煥然來舍間有事，臨走他要到附近一帶查勤，他拉著我一塊出去逛逛，信步就走到小老爺廟啦，他要進去看看，我自然欣然跟著進去，廟裡這座小競技場搏戰正酣，把個八仙桌擠得裡三層外三層風雨不透，酒氣煙霧薰人欲嘔，我站在高凳上看，也看不眞切，也不知道是誰勝敗，大家看署長大人光臨，雖說不是賭博，可也不敢過份囂張，鬥局草草終場，我也可以說是敗興而歸。

南城的蛐蛐局設在前門外打磨廠三義老店的東跨院，有一年名震當時的南霸天錢子蓮，從落岱進京到舍下來拜節，他是三義店的合夥人，正趕上北平養蛐蛐名家牙行「紅果李」跟柿餅黃家在三義店蛐蛐大決賽，我磨煩錢三爺帶我去開開眼界，他自從改邪歸正追隨先祖近二十年，他說帶我出城聽戲下小館，祖母自然不好駁他面子。

雖是小道，亦可見世態的炎涼

蛐蛐局設在三義店跨院的間的敞廳裡，窗明几淨，是供客人們喝茶起坐的地方，後山牆一溜長條案，擺滿了各式各樣的蛐蛐罐子，都編了字號，屋裡雖然收拾得極爲乾淨，可是地下不用方磚漫地，而用確實的新黃土，說是蛐蛐局的規矩，我想蛐蛐蹦了容易找是眞的。屋子正中放著兩張榆木白碴兒八仙桌（不上油漆的本色桌子叫白碴兒），桌子上放著比海碗略小的澄泥鬥盆，另外一頭另設一張六仙桌，除了筆硯帳册之外，正中放著一具精細的小天平，一頭有一個擦得蹭光瓦亮的細銅絲籠，另一頭天平架子上排滿了小法碼，入局的雙方都要先把自己的寵物，送公證人稱體重，然後登帳記注，勝者掛紅茶葉若干包，跟紅注的姓名包數也要逐一登帳，一切停當才能開鬥。

雙方當事人或蛐蛐把式以及跟紅注的人，都坐在桌子四圍觀戰，大家屏息注視，鴉雀無聲，雙方把蛐蛐放入鬥盆，由公證人用扦子撥弄蛐蛐尾兒，引著雙方對面，再用扦子輕輕撩撥雙方觸鬚，等到彼此擰鬚搖尾，進入短兵相接程度，如果雙方勢均力敵互相啄擊，露出大牙咬在一起，能翻擰兩個轉身還不鬆嘴，等到第二回合雙方能咬得腿斷鬚殘，大牙突出久久不能合攏，勝者乘勝追逐，振翼長鳴音節嘹亮，敗者沿盆急走，倉皇狼狽，風采全失。勝者蟲雄主傲，得彩批紅，敗者垂頭喪氣，忿恨之極能把蛐蛐當場分屍，轉眼之間，冷暖分明，此雖小道，立刻看出世態是多麼現實炎涼了。

「李闖王」連鬥九場，贏得茶葉四五千包

北平鬥蛐蛐以若干小包茶算彩頭，當時以銅元論值，說明是兩大枚、五大枚或十大枚一包茶葉多少包來計籌的。彼時北平各大茶莊如東鴻記、吳德泰、張一元、慶林春都可以開茶葉票，開個千兒八百包悉聽尊便，不拿茶葉，折現九五，等於賭現錢，反而更方便。北平有頭有臉鬥蛐蛐大戶，計有牙行紅果李家、外館甘家、同仁堂樂家、名醫秋瘸子、天壽堂飯莊徐家，還有名鬚生余叔岩等等，這些位都是三義店鬥蛐蛐的豪客，有局必到。一開局每家都是論桌（二十四罐算一桌）把蛐蛐挑來，雖然不一定隻隻下場，可是論桌挑來聲勢浩大，也可先聲奪人，每隻蛐蛐大概都起有名號，什麼鐵頭將軍、無

敵大師、賽呂布、勇羅成。紅果李有一隻叫李闖王的，連鬥九場給他贏了四五千包茶葉，有些不學無術的人給蛐蛐起的匪號光怪陸離，聽起來簡直令人噴飯。

到了抗戰軍興，日本人竊據華北，有錢有閑的人日漸稀少，頂多在街頭巷尾偶或還有無知玩童拿出幾隻蛐蛐互鬥爲樂，至於大規模設局鬥蛐蛐，華北一淪陷就成爲歷史上的名詞了。

第一次國民大會在南京召開，筆者住在南京白下路一位世交年伯家裡，晚飯後閑聊，就聊到鬥蛐蛐上去了。據那位年伯說：「太平天國建都金陵時，因爲東王楊秀清是個蛐蛐迷，所以當時鬥蛐蛐就成爲最時髦的娛樂。楊秀清所住八府塘別墅，有一間玉戶珠簾專爲鬥蛐蛐的花廳，廳堂正中砌有一座雲白石的平臺，丹階四出，供人立足，正對平臺一塊屋頂正中嵌有一大片明決瓦採光，天窗疏綺，晴空四照，蟲將軍厮殺搏鬥，可以看得纖細靡遺，可惜舊日明堂宏構，現已淪爲散裝糧倉，否則倒可以帶你去一窺昔年太平天國的瓊圃丹垣，豪華殘跡呢！」

後來我在蘇州胥門外一家叫蘭苑的野茶館瀹茗，發現他後進有一間四窗八牖的小敞廳，屋頂也是用明決瓦採光，據說這家茶館早年是蘇州著名的蛐蛐局，一切設施就是模仿東王府那間蛐蛐廳建造的，不過具體而微而已。彼時鬥蛐蛐在蘇州還算是一種秋興，官府尚未明令禁止，可惜時屆暮春，去非其時，祇好徘徊瞻望一番而回。

唐明皇耽於逸樂，後宮粉黛蓄養蛐蛐成風

根據古籍上記載，中國遠在初唐時期，宮廷妃嬪中就開始有人養蛐蛐了，不過最初祇是深宮寂靜，憑欄弔月，聞聲自娛而已。因爲蛐蛐這種鳴蟲，隨氣候高低，而能變更音調，不但起伏旋律變幻多端，而且抑揚婉轉，令人有疑遠似近的感受，在冷露嫩涼的秋夜，靜聽蛐蛐鳴聲，確實有一種說不出的韻籟。到了唐玄宗天寶年間，那位風流才子耽於逸樂，後宮粉黛蓄養蛐蛐成風，嬪媵婕妤彼此誇強鬥勝，流風所及，權臣勳戚也都樂此不疲，馴至南北各地變本加厲，把鬥蛐蛐演變成最流行的賭博了。

到了宋室南遷，左丞相魏國公賈秋壑（似道）是歷史上最有名的養蛐蛐專家，儘管金兵大舉南犯，軍情緊急，羽檄像雪片般飛來，他仍然好整以暇，把飼養蛐蛐心得，描繪圖譜寫了一本蟋蟀經，分令各州縣照譜遴選奇蟲異種，用十萬火急文書送賚南都，供他娛樂。他在葛嶺專爲鬥蛐蛐蓋了一幢別墅，取名半閒堂，表示他在軍務倥傯之中，祇能偷得半閒用來自娛，瞞著皇帝，躲在半閒堂日以繼夜跟姬妾們鬥蛐蛐爲樂，外官黜陟，甚至以視其有無佳種供其翫樂爲準的，後世歷史學家有人認爲南宋淪亡，是賈似道蛐蛐鬥垮的，雖不盡然，但也不能說全無道理。

藏園老人傅增湘（沅叔）藏書很雜，他有一部明版賈似道的蟋蟀經，是宣德重刻，

用重金從琉璃廠書肆搜求而得，來薰閣書店徐老板是版本專家，他說此爲海內唯一情精槧孤本，這句話被袁豹岑（袁世凱二公子）聽到了，幾度跟老世叔商借，準備重刊，始終未蒙沅叔先生首肯，所以那部蟋蟀經終於成爲世不經見的秘籍了。

馬士英以蛐蛐勝負決定大軍攻守進退

明朝宣德皇帝是位聲色犬馬無一不好的逍遙天子，對於鬥蛐蛐也是愛玩之一，他雖然沒留下蛐蛐譜促織經一類的專書，可是，他讓官窯定燒白地青花的過籠、食罐、水罐、鬥盆，到了後世豢養蛐蛐人的手裡，都成了奇珍異寶啦。

明末李自成攻陷北京，福王由崧被群臣擁立南京，東閣大學士馬士英，不但昏瞶專權而且也是個蛐蛐迷，秋蟲一登場，他不管前方軍事如何失利，他照舊整天以鬥蛐蛐爲樂，甚至以蛐蛐勝負，來決定大軍攻守進退，馴至兵敗被俘抄家問斬，他還不忘情心愛的蛐蛐，因此博得了蟋蟀相公的雅號。

明朝以擅寫小品的袁中郎，文章固然清逸雋永，同時也是養蛐蛐高手。有一天他跟幾位好友到郊外喝野茶，踏上歸途，已經是秋草斜陽炊煙四起了，路過一座古廟，忽然聽見秋蟲唧唧，清遠嘹亮，知道必是出色佳種，尋來覓去，鳴聲忽遠忽近，結果發現蛐蛐藏在廟門外，一隻大半湮沒在宿草石獅子的嘴岔裡。照蟋蟀經上記載，凡是棲身在邱蟹層螺裡的秋蟲，必定是驍勇善戰的異種，若被牠逃掉，豈不可惜，於是用巾袖堵住石獅子左右嘴岔，讓書僮飛跑進城取來一應工具，總算把那位蟲將捉了回去。袁中郎有一篇「畜促織」，據說就是那次兀立個把時辰所得的靈感呢！

興家有功，金裘玉裹，葬蛐蛐於祖塋

隨園老人袁簡齋除了飲食聲色之外，對於鬥蛐蛐也興趣甚濃，據說他從迴廊石縫中捉得一隻蛐蛐，烏頭金翅驃健耐搏，每戰皆捷，稱之爲威勇侯，在牠死後，特地用象牙刻了一隻小棺材，葬在書齋窗外一個種滿銀桂的小丘上可以隨時憑弔。隨園是有名的多產作家，有關蛐蛐的詩也不少，他有一首鬥蛐蛐詩：「奏凱唱鐃歌，鼓翅如金鐘，漢有蟲將軍，毋乃汝同宗。」就是他跟錢塘一位富商鬥蛐蛐，他的威勇侯贏來一幅宋人煮茶園而作的。此外他詠蛐蛐詩古風律詩絕句大約有二三十首之多，白下人士稱他爲蟋蟀詩人，也可以說是名副其實的了。

抗戰勝利，筆者于役東北，有一次去承德公幹，路經葉柏壽，住在一家旅館裡，那家旅館是套院平房，看見南牆根放著一堆蛐蛐罐，大約有三四十隻，雖不是什麼趙子玉的精品，但也琅玕黝堊是上好澄泥燒製，店東必須是一位養蛐蛐行家。兵燹之餘萑苻不靖，太陽一下山，大家都關門閉戶，路靜人稀，晚飯後無處可走，信步到了櫃房跟帳房夥計們聊天，才知道他們店東姓康，原本是葉柏壽的首富，民初家道中落，老掌櫃唯一嗜好是養蛐蛐，他有一隻取名金頭將軍的蛐蛐，跟湯二虎鬥蛐蛐（可能是湯玉麟）連戰連勝，不但把房子田地都買回來，還頂過來這家旅館。金頭將軍死後，他金裝玉裹把蛐蛐葬在他家祇墳穆間祭壇之前，雖然封而不樹，可是立了一塊小石碣，寫明金頭將軍戰功，以誌感懷。葉家塋地翠色參天，層陰匝地，尋丈寶頂之前，還豎立一座高不盈尺小寶頂，顯得非常刺眼，葉家墳塋綰轂四達，蛐蛐墳經大家傳說，變成葉柏壽一項景觀，可惜我格於公務倥傯，未能前往一開眼界，把蛐蛐葬在祖塋的懷抱裡，也眞是罕見罕聞呢！

背著夫子養蛐蛐，東窗事發罰抄蛐蛐詞

筆者童年家人雖沒有禁止我餵養蛐蛐，可是涉有賭博性質的鬥局，是絕對不許參加的，先師閻蔭桐夫子督課尤嚴，對於花鳥蟲魚認爲都足以玩物喪志，不准養植，我的蛐蛐背著老師都養在雙藤別院油廊兩排石磴上，跟書房一東一西，等閑老師是不會來的。有一天他的世誼郭世五（藏瓷名家）想觀諾舍下雙藤老屋院裡左右拱立玲瓏剔透的兩座太湖石，發現石磴上擺滿了各式蛐蛐罐子，知道是我餵養的。第二天在宋代詞選挑出姜白石調寄齊天樂，張功甫調寄滿庭芳都是有關蛐蛐的詞，前一闋一百零二字，後一闋九

十六字，讓我在白摺子上用正楷各抄三遍，說這兩首詞意境很高，抄幾遍才能牢牢記住，其實寓懲以諷，彼此心照而已，直到現在姜詞的「西窗又吹暗雨，爲誰頻斷續，相和砧杵……」以及張詞「月洗高梧，露溥幽草……」種種情懷，還時縈腦際呢！

臺灣的蛐蛐，似乎比大陸的蛐蛐特別肥壯，我在雲林縣斗六鎮市場邊看過一次鬥蛐蛐，也是雙方把蛐蛐先上戥子過份量，講好彩金若干，不用鬥盒，他們把粗如兒臂的麻竹鋸成二尺多長，一剖兩瓣，雙方各把蛐蛐放在自己手掌上一榼，蛐蛐就蹦到半圓形的竹片裡了，路祇一條，不用扦兒掃尾，也不用促織草撚鬚，邁步直前，自然對面，鬚搭頂觸，立刻擰鬚搖尾，張開大牙互相廝咬起來，拚拗幾合，祇要有一方六腳朝天，立刻鬆嘴落荒而走。別看蛐蛐軀幹虎虎，可是纏鬥精神比大陸的蛐蛐可就差多了，大陸蛐蛐雖然短小精悍，可是都能再接再厲纏鬥不休，勢必把對方咬得腿斷鬚折才定輸贏的苦戰精神的確令人振奮。

先輸於酒，再敗於蟲，劉少岩怒吞金翅大鵬

民國二十年武漢大水之後，草木茂密，禽蟲飛蠕，繁殖異常，第二年田野隴畝之間，新涼露冷到處秋蟲唧唧，據父老們說，這是大水後必有的現象，武漢三鎮賣蛐蛐的販子一增多，大家也就鼓起養蛐蛐的興趣了。漢口金融界聞人呂漢雲，有人送他一隻名

種蛐蛐，取名無敵天王，既濟水電公司劉少岩，有人從藕池口捉來一隻兩翅金黃的蛐蛐送他，他取名金翅鵬，兩人都是武漢商場上大亨，又是俱樂部的牌友，酒酣耳熱之餘，有人攛掇他倆把自信所向無敵的蟲將軍拿出來較量一番以資醒酒。兩隻蛐蛐果然都是沙場老將，鏖戰四五回合，雖然全都到了牙張力竭，可是誰也不肯後退，結果金翅鵬左膀一滑被敵人乘機扭傷，懾慴發怵，繞盆而走。劉少岩先輸於酒，再敗於蟲，一怒之下，借著三分酒意，抓起他的金翅大鵬楞是一口氣吞了下去，後來俱樂部的朋友背後叫他麻叔謀（隋唐名將麻叔謀喜歡吃小孩出名），據說是名票章筱珊給劉起的，平素祇聽說有人鬥蛐蛐落敗，恨極把蛐蛐生吞，想不到眞有其事，未免太殘忍了。

今年臺灣夏季苦旱，幾十天不下雨，農民缺水插秧，田間噴洒農藥次數減少，蛐蛐因此大量繁殖。早年臺南鹽水鎭鬥蛐蛐，是聞名全臺的，蛐蛐一多，又值暑假，於是引起青年人下田掏蛐蛐興趣，有些人利用早安晨跑，帶了捉捕器具，到池邊溝塍尋聲捉捕，運氣好的一次能捕捉一二十隻能鬥善咬的二尾，並不算稀奇。今年在鹽水就舉行過好幾次鬥蛐蛐大會，這個消息被臺北一家百貨公司聽到，立刻邀請鹽水鎭養蛐蛐人士，組成紅白二隊，攜帶若干能征善戰的蛐蛐，乘坐冷氣汽車到臺北來舉行一次蛐蛐大賽，供顧客們觀賞，因爲天氣亢旱，水源枯竭，反而讓大家重睹絕跡數十年鬥蛐蛐盛況，眞是意想不到的事呢。

蛐蛐炸炒上檯盤，總覺焚琴煮鶴大殺風景

彰化埤頭鄉，是中部蘆筍主要產地，因爲今年蛐蛐繁殖得過分迅速，剛從畦裡鑽出來的蘆筍嫩芽，都被牠們嚙爛，以致筍農向農會繳納蘆筍時，嚙痕斑斑影響外銷，打了回票。農會有人動腦筋，想出一個捕捉蛐蛐比賽方法，發動四健會員跟農會會員爲主幹，選定一個假日舉行，每隻蛐蛐作價兩元收購，一個上午連掘帶灌就捕獲了五六百隻。他們有人異想天開，把蛐蛐用水洗乾淨了，用蒜頭，豆豉，大鹽，辣椒，味精半爆半炒，來呷啤酒，據嘗過這種異味的人說，跟天津人吃炸螞蚱滋味類似，姑不論味道如何，在玩過蛐蛐的人想起來了，總覺得焚琴煮鶴未免大殺風景，假如起屈靈均袁子才者流於地下，不知又有若干奇文妙句嘆息憑弔呢！

我把炒蛐蛐下酒這樁新聞說給名生物學家夏元瑜教授聽，他說：「臺灣有種大蛐蛐，俗名『土猴』，食量大，破壞力也強，跟一般能咬善鬥的蛐蛐同類異種，他們炒著吃的大概是土猴。」我想當年我養蛐蛐，一粒毛豆要啃上兩天，何至於禍及蘆筍，成了慘重的災情呢！現在知道是兩碼事心中也就釋然了。

談失傳的「子弟書」

——為響應戲劇節而作

現在談「子弟書」，在臺灣甭說聽過子弟書的人恐怕沒有幾位，就知道子弟書這個名詞的，也寥寥無幾啦。

「子弟書」是清代嘉慶道光年間，最流行的一種雜曲，因爲乾隆時期盛極一時，八角鼓太平歌詞，大家聽久了覺得厭煩，於是八旗中有那才思敏捷、文筆流暢的子弟，依據北方習用的十三道轍口，編出了一種七字唱，分大中小三種回目，大回目可長到二三十段，篇幅短的可不分回目，像岔曲裡的「風雨歸舟」就是從子弟書裡摘出來的。開書之前來一段西江月或是一首七言詩，把書中大意約略表明，這種書頭叫「詩編」，行話「頭行」，就像彈詞的「開篇」一樣。

子弟書因爲是文墨人編的曲文，聽衆又都是八旗中高尚人士或一般清貴，所以儀式規矩轍口，都比較嚴肅不苟，每唱兩句，必須合轍押韻，每一回限一韻，兩段以上回目才准改轍換韻，至於書的內容，以描述當時風土人物社會百態爲主題，前朝傳奇說部，京劇故事爲輔。

腔調又分東城調、西城調兩大類，東城調又叫東韻，是高雲窗、韓小窗、羅松窗所編寫，大半都是忠孝節義、慷慨激昂的故事，詞情俊邁，音調高昂，有點像弋陽高腔，韻腳不出九聲，當時「三窗九聲」是最博得人們讚賞的。西城調又叫西調，係鶴侶、鶴鳴昆季、德穆堂、鐵松岩幾位名士遺興之作，所以柳鞞鶯嬌，香花臥酒，全部都是纏綿悱惻，艷靡悅人的曲文，尤其歌詞裡的雙聲疊韻爲其特色。無論東城調、西城調，全是出自肚子裡有墨水文人雅士手筆，所以詞旨流暢，文彩輝映，可惜曲高和寡，終於漸趨沒落馴至失傳。民國初年，北平入晚，沿街吆喝話匣子的，偶或帶有一兩片韓小窗「別母亂箭」、「草詔割舌」忠憤踔厲的唱片，後來因爲點唱的人少，也就銷聲匿跡了。

民俗家張次溪最喜歡搜求各種詞曲孤本，有一天跟同好金受申在宣武門內頭髮胡同曉市閑逛，無意中發現有二三十本子弟書抄本，以極少代價買了下來。據荒貨攤上人說，是打小鼓的在某王府收破爛，當荒貨買來的，其中屬於東城調的有重耳走國、兕㚖鬧朝、完璧歸趙、雲臺封將、麥城昇天、白帝託孤、徐母訓子、尉遲奪印、一門忠烈、胡迪罵閻、千金全德；屬於西城調的有葬花、撕扇、補裘、焚稿、沉香醉酒、昭君和番……等等此外有一些滑稽曲文有黃粱夢、小龍門、窮大奶奶逛西頂、揣禿子過會，把社會各種醜態，可以說描摹盡致，還夾雜不少俏皮話歇後語，後來灤重皮影戲裡小龍門，過會都是從子弟書剽竊而來的。

筆者有一次在北平大甜井倫貝子府跟溥倫兄弟從平劇崑曲聊到「子弟書」，我說子弟書祇聞其名未聽其聲，實在太遺憾，倫四說府裡有個黃瞎子是當年專門給太福晉說兒女英雄傳的，他跟唱大鼓張筱軒都是東城調名家韓小窗的傳人，現在仍然住在府裡吃閑飯，可以讓他來唱一段，讓你飽耳福。古調重彈我為之欣慰不置，黃的名字叫子霖，是一名筆帖式出身，對於八角鼓、馬頭調、快書、大鼓，都特別愛好，後來雙目失明才學會子弟書，那天他自己彈三絃，唱了一段貞娥刺虎，我對證原本來聽字字入耳，不但詞句清蔚，而且結構綿密，算是飽了一次耳福。

不是愛好曲藝的人，是聽來祇許沉悶欲睡，聽不出好在那裡的，後來在綴玉軒遇見齊如老談到子弟書，齊如老對於各種曲藝，都研究有素的，我請教如老，西城調以紅情綠意為主，何以才子書西廂記，就沒編成子弟書？如老說：「早年在閥閱門第中把西廂看成誨淫書籍，曹雪芹寫的紅樓夢，茗煙給寶玉買了一套西廂記，要偷偷帶進園子裡背著人偷偷看，可見當時西廂記是列為禁書的。子弟書是八旗子弟編寫，而聽寫的對象又都是旗裡有身分人物，西廂記沒能編入子弟書的道理在此。」聽了如老這段分析，才恍然大悟。

現在能爨演「子弟書」的人固然沒有了，我想各大圖書館裡，或者仍有子弟書的本子收存，其中有關淸代社會風土人情的資料極爲豐富，倒是硏究淸代社會史一個寶藏呢！

我所見到的梁鼎芬

番禺梁太史鼎芬和先伯祖文貞公、先祖仲魯公一同受業嶺南大儒陳蘭甫先生門下，先曾祖樂初公任廣州將軍時，把蘭甫先生請到將軍衙門的壺園授課，于式枚、梁鼎芬都來附讀，後來先後都成進士點翰林，壺園舊友，在清末政壇盛伯羲、黃體芳等人的清流派裡，還算是主流人物呢！

梁鼎芬別署最多，字星海，號節庵，別署老節，因爲他很早就把下海留起來，所以又自號梁髯，他的字清健剛勁，下筆如刀，愈小愈妙，所以他寫的小對聯特別名貴，尤其喜歡在照片硬紙卡上題字，後來北平荒貨攤上時常發現梁髯題字照片，無論題字多少，好像每幀銀洋一元，運氣好碰上有他塡的詞，不但詞字雙佳，有時還能發掘出若干史料呢！

梁和文廷式（芸閣）有時好得如兄如弟，有時你諷我譏有同寇仇，文到北平即住舍間，梁是每日必到的座上客，兩人衡文論詩，往往爭得面紅耳赤，文芸閣死後，梁的輓聯有「池草庭階春日句，芙蓉詩館舊時情。」就是當年在舍下吵架的故實。梁的元配夫人，不知什麼事突然大歸，不久改嬪文芸閣，後來梁任武昌府知府，夫人來拜，梁開中門迎接，待若上賓，他們這段公案內情如何，就非外人所得而知了。

梁自先祖故後，舍下每年元旦一清早第一位來拜年的，總是梁髯公，彼時他年剛花甲，必須兩人扶持而行，入門逕到影堂，向先伯祖、先祖喜容行跪拜禮，如何攔駕，頭是非磕不可，磕完起身入座，氣喘咻咻，良久乃已。後來每年元旦，我總是趕在他來前，先到他府上拜年，天方昧爽，他多半已在書房濯足，他腳上指甲自從他元配夫人離他而去，說是身體髮膚，受之父母，不敢毀傷，就從未修剪過，指甲長到彎過來直抵腳掌，所以年僅花甲，已經不能踏步而行，祇能以腳後跟著地並需僕從扶掖而行了。後來他知道我這年世再晚不願勞尊先施，他老人家索性一面洗腳，一面等我前去拜年，每年總是寫好一柄團扇，等我去拜年給我，算是拜年紅包，所寫詩詞都是跟先祖昆季唱和之作，字寫得瘦勁挺秀古樸之至，後來我把團扇依序裱成手卷，可惜當年來臺匆匆，未曾帶來。

節老不但記憶力特強，就是各種雜書讀的也特別多，他自己常說，張香帥（之洞）駐節武昌時候，他不時跟一般親隨打聽大帥最近讀些什麼書，他也趕忙買書來讀，最初是閒中談詩論史便於應對，日久才知道所讀的書，對做學問待人處世無形中有莫大助益，當時有人譏諷他是逢迎上司一種巧宦作風，他認爲博學多聞，自己畢生享用不盡，又何必管旁人說短道長呢！由此也可以看出他的氣度如何了。

節庵先生成進士點翰林入詞苑後，初掇巍科，剛棱疾惡，立言忠鯁，鑑於國事日非，滿腔忠憤，甲午之戰狠狠參了李鴻章一本，當時李在慈禧心目中是耿介有節幹練敏捷國之柱石，認爲梁少年狂誕，出言無狀，立刻降旨罷黜，永不敘用。梁知大勢已無可爲，於是襆被出都，到鎮江的焦山讀書養晦，他自己動刀刻了一方陽文印章「年二十七罷官」六個小篆，體勢勁秀，清麗簡峭，頗爲得意，從此與知好書札通好，都要刻上那方印章。自入民國溥儀大婚之前，經陳寶琛、朱益藩兩位師傅的推介，節老又被徵召進宮，講解經史。

宮中每年農曆六月初六，凡是精鐫版古籍經典，以及歷代名書畫碑帖，循例都要拿出來晾晒一番，雖然由內務府董其事，可是有時也指派師傅們襄助整理，眞蹟一入那些人的法眼，不是請求借出觀覽臨摹，甚至有時要求賞賜，或者藉詞延宕久假不還。祇有梁節老每次奉派此差，從未要求冀賞懇借，所以溥儀對他的高超清曠反而備感欽敬，知道梁師傅喜歡盤弄印石。興來時自己還奏刀刻幾方印章，在談詩論畫之餘，所膺懋賞，當然不是鷄血田黃，就是桃花凍、魚腦凍一類極品凍石，不過這類賞賜如由自己攜帶出宮，必須下手諭開門證，由神武門駐蹕警衛人員查驗放行，不但驚天動地，而且層層手續非常麻煩，所以大家都是派宮監們賫送，誰知宮監送來印石，都被掉包，換成粗劣印石，梁對這些事雖然處之淡然，外間傳説梁大鬍子雖不偷借字畫，可是把宮裡鷄血田黃精品印章騙去不少，所以梁氏病故吉祥寺寓所後，梁子思孝一賭氣把梁氏生前已刻未刻的印章一百餘方一古腦兒賣給收荒貨北平人所謂「打小鼓」的了。

北平每到新年，宣武門外殿甸循例開放半月，火神廟內外各古玩舖把珍藏的珠寶玉器都要拿出亮亮相，各書店也把自己珍藏的善本書籍拿出來，招引一般學人鑑賞品評，海王村還有若干荒貨商把些瓷瓦樽甌，廢銅爛鐵羅列滿攤無所不有。我每年新正，總要到海王村一些荒貨攤轉上幾轉，某年我在一家荒貨攤上以大洋八角買到一串用鐵絲穿的一串漢印，其中有一花押霍字印，回家在清朝錢大昕「十駕齋漢印萃選」裡查出是漢驃騎將軍霍去病的花押印，以八角大洋買到一方眞正漢印，自然更增加我以後逛荒貨攤的興趣。有一次在荒貨攤發現十幾塊塵滓泥垢塗滿毫不起眼的印石，以一塊二毛錢整堆買回，經泡在水裡細心洗刷除垢去污之後，發現有一方長方形艾葉黃印章赫然是「年二十七罷官」六個篆字，細看邊款果然是節庵先生參李被黜在焦山所刻一枚印章，這方印章石質雖劣，但居然有其歷史價値，可惜當年來臺倉促，此印未能隨身帶來，想起來就覺得可惜不置了！

故都茶樓清音桌兒的滄桑史

聽老一輩兒的人說，在清朝逢到皇帝駕崩，龍馭上賓，稱之爲國喪，舉國啣哀守制，一百天以內，四海遏密八音，凡是金石絲竹，匏土革木，一律不許出聲，不但各茶園的戲班，停止粉墨登場，就是私家堂會綵觴，亦爲法所不許。

可是日子久啦，一般指唱戲維生梨園行的人們，生活挺不下去，於是有高人想出個變通辦法，就是便衣登台。唱青衣的頭上包一塊素色綢巾，老生帶上髯口，丑角臉上抹塊白，場面上是連比劃帶唸鑼經大字，對付著唱兩齣來維持生活，就是平素喜歡走走票的大爺們，像同治帝后先後賓天，一連就是半年多不准動響器，也都按捺不住，總想找個地方喊喊嗓子過過戲癮。據老伶工陳子芳說：「最初的清唱叫『坐打』，武場用的大鑼，鐃鈸一類聲能及遠的響器，都在禁止之列，所以當時又叫『清音桌兒』，可是平劇裡，有些節骨眼上，非得來上一鑼，或是加上鐃鈸才能帶勁揚神，於是由點到爲止，漸漸又恢復正常了。早年名小生德珺如原隸旗籍，一開始是在清音桌兒走票，後來下海，人都叫他德處，就表示他是票友出身的，他嗓子衝唱哨吶圓轉自如，把子尤其邊式，一齣『轅門射戟』，能賣滿堂，因爲他正式下過弓房，拉過強弓，一箭能射中高懸台上方在畫戟的戟眼兒裡，從此走紅。可是他面龐特長，博得驢臉小生綽號，所以後來下海，仍舊喜歡清唱，逢到親友家有生日滿月溫居嫁娶一類喜慶事兒，有人起鬨辦一檔子清音桌兒來熱鬧熱鬧，他總是義不容辭，爭先承應，凡是這種場合，他除了擔任文武場面之外，還充個零碎角兒答答碴，最後還得唱齣小生正工戲，如『叫關』的『小顯』、『射戟』、『白門樓』之類，才算過足了戲癮。他認爲下海唱戲，是憑玩藝兒掙錢混飯吃，總是渾身不得勁兒，可是往清音桌兒旁一坐，就覺著通體舒暢，有海闊天空任憑大爺高樂的感覺。」

清音桌兒的主持人叫「承頭」，他往年幹過清音桌兒的承頭，所以清音桌兒上的事，件件內行，他說：「咸豐駕崩，國喪期間停止一切娛樂，清音桌兒確實是那個時候，應運而生的。要成立一檔子清音桌兒，首先要到精忠廟專管梨園事務的會首處掛號，領得執照，憑照到內務府昇平署領取札子丹帖，這兩樣手續辦齊，才算正式成立，能夠在六九城走票。清音桌兒既然不帶彩唱，自然沒有戲箱，可是也要購置一些應用器具，首先要定製堂號座燈一對，桌圍椅帔墊全堂，置響器，製水牌，然後撒大帖請伶票兩界有頭有臉的人物響鑼助威，才算開市大吉。」

北平月牙胡同銓燕平（闞醉蟬）有個票房，附帶清音桌兒，他那份寫戲目的水牌特別考究，放在兩張八仙桌拼在一塊的正中間，是紫檀框子嵌螺甸，檀香木的心子鑲著十二塊象牙牌雕飾鏤紋，極饒雅韻，當天戲目順序寫在象牙牌子上，讓人一目了然，座燈是四方型，高約三尺烏木髹漆琉璃燈罩，正面漆著紅字金邊堂號，配上蘇繡大紅緞子平金萬字不刻頭的桌圍椅帔墊的確琳琅瑩琇，矞采奪目，氣派非凡。言菊朋稱銓大爺這份排場，是清音桌兒的頭一份兒，信非虛譽。

所有文武場面應用響器，清音桌兒自然要備置齊全，不過聽說最初旦角唱反二黃所用的碰鐘以及文場胡琴、月琴、三絃所用的絲絃，嗩吶的信子，笛子上的笛末，都得自帶，一般人說是祖師爺留下的規矩，筆者曾經請教過梨園名宿票友前輩，也都說不出所以然來，到了現在知道這項規矩已經不多，更遑論出處來源了。

撒大帖是辦清音桌兒最難辦，也最容易讓人挑眼的事，有些人接了帖，他賣撇邪說憑他那點見不得人的玩藝，那不是打鴨子上架嗎？您要是漏了沒給他帖，您聽著吧！他又有說詞啦，人家請的是名角名票，咱們算那一棵蔥那一棵蒜呀！這種愛犯小性兒亂挑眼的朋友在票友中所在多有，您瞧撒大帖有多麼爲難呀！

北方辦喜慶壽事發大紅帖子，做七辦冥壽用素帖子，庵觀寺院佛道日子講經請善會用黃帖子，祇有票房清音桌兒成立，請諸親好友來捧場助威，所撒的帖子叫紅白帖子，筆者曾經請教過由玩票而下海的龔雲甫、德珺如，他們都是知其然而不知其所以然，後來問過幾位票房老資格承頭紀子興、胡顯亭、曹小鳳，甚至於請教戲劇大師齊如老，也都莫明其所自來，這件事一直存疑，現在知道始末根由的人，恐怕更不容易找啦。

據說剛一有清音桌兒的時候，祇應喜慶堂會的清唱，跟本家過份子（不送奩敬壽儀）祇奉煙茶，連酒席都不能擾，後來才有人想出高招，找個豁亮寬敞茶樓酒館，搭上一個小臺約請伶票兩界蒞臨消遣，久而久之才規模粗備，越來越熱鬧起來的。

茶樓的清音桌兒的清唱，有唱白天的，有唱燈晚的，甚至於有唱白天帶燈晚的，不過有個不成文的規定，就是無論座兒上得多好，也祇能收茶錢，不准賣戲票，因爲來茶樓消遣，都是耗財買臉的大爺，講的是茶水不擾，至於像陶默厂、邢君明、李香勻、果仲禹那些名票，也祇是由票房開個車錢而已，否則官廳按娛樂事業納捐完稅，茶樓的買賣就做不成了。

早先清音桌兒跟票房是兩碼子事，票房是聘有專人說戲，打把子練身段，學習文武場面，積學有成，才能粉墨登場，至於清音桌兒可就不同啦，您敢到茶樓去消遣，少說您肚子裡也得有三五齣戲，要是祇會幾段西皮二黃，沒有整齣玩藝，清音桌兒的承頭固然不敢冒冒失失過來相煩，您也沒有那份膽子楞闖靑龍座去出乖露醜。

北平清音桌兒在茶樓上開鑼清唱，是宣統年間才大行其道的，前門外觀音寺有一個暢懷春茶樓，是歷史最悠久的清音桌兒，由胡顯亭主持，胡的嗓子能高低，陪著角兒唱，絕不亂啃，讓您唱得舒服自在，胡有票界張春彥雅號，跟名票邢君明唱「珠簾寨」解寶收威，彼此卯上可算一絕。賓燕華樓也有一檔子清唱，是德仁趾、于景枚共同主持，兩位都是唱老生的，加上趙劍禪、楊文雛的青衣，果仲禹的楊派武生，每天茶客擁至，去晚了簡直找不到座兒，後來德仁趾下海搭班，于景枚無意獨自經營去了上海經商，這檔子輝煌燦爛的清唱，也就報散啦。

勸業場綠香園的老板，原本是畫炭畫人像的，雖然平素也喜歡哼兩句，可是對當承頭的事，十足老外，他看賓燕華樓茶座鼎盛，如日方中，自己組織一個清音桌兒正是好當口，他跟李香匀是口盟，再加上李的極力竄掇，並且代約臧嵐光、何雅秋幾位亦票亦伶的旦角幫場，倒也熱鬧了一陣子，可惜他自己究屬外行，對待票友的禮數上，對茶座言談照呼上，都有欠周到的地方，雖然綠香園廊廡四達，得聽得看，漸漸可就拉不住茶座了，勉強支持了兩年，祇好宣告停鑼，又改回清茶圍棋候教啦。

廊房頭條第一樓原本有個河南館子叫玉樓春，因爲東夥不合收歇，梨園行有個專管大衣箱的遲四看這個鋪底樓高氣爽軒敞籠音，於是頂過來也辦了一檔子清音桌兒。他跟名票莫敬一有親，加上玉靜塵、松介梅、世哲生、胡井伯、金鶴年一般名票，有時登台彩唱，所用行頭都歸遲四張羅而來，加上莫敬一的面子，大家都不時前來捧場，不過這些票友，十之八九都住北城，天天往前門外跑，車錢實在不菲，兼之遲四有時傍角出外，茶樓一切勢難兼顧，於是不久也偃鑼息鼓吹了烏嘟嘟。

從民國初年到北洋政府垮臺，這十年來，可以說是清音桌兒全盛時期，在前門外廊房頭條觀音寺蕞爾之地，就有四家清唱茶樓，粥多僧少，凡是會唱個三五齣戲的票友，都成香餑餑啦，你搶我奪，比前些時臺灣三家電視台影歌星的跳槽挖角還來得緊張火熾。像名票鬚生顧贊臣、刑君明、陶畏初、青衣李香勻、楊文雛、花衫林君甫、章筱珊，甚至於唱丑的王華甫、金鶴年、于茂如都非常走紅，成為各茶樓爭取的對象，綠香園還沒唱完，暢懷春已經派人前來催請啦。武生名票果仲禹，一生服膺楊小樓，言談動作處處以楊宗師為法，大家都叫他「楊迷」，他也居之不疑，有一天他連趕三處清唱，唱得暈頭轉向，出門叫「洋車」都上口啦而不自覺，把拉洋車的都叫楞住，不知細底的人，還認為他患了神經病呢！

東城在東安市場裡也有兩處清唱，一處在市場正門叫舫興茶社，由黃錫九主持，一處在市場南花園叫德昌茶樓，由曹小鳳主持。舫興是個拐角樓地帶，上面有鐵罩棚覆蓋，既不軒敞，又不豁亮，甚至白天都要點燈，黃錫九表面看起來似愚若黠憨憨厚厚，可是他有一套別人學不來的軟工，他跟錫子剛是師兄弟（錫給梅蘭芳彈絃子）腹笥寬，有若干曲牌子，詞意含混，有腔沒字，錫黃師兄弟孜孜鑽研，例如「法門寺」一貫千曲牌子，他們都一一整理出來了。黃原本習丑，因爲口齒不清，比丑行頭郭春山還差勁，最後只好改行，他跟陶默厂的堂姪陶十四是莫逆之交，陶十四每天到舫興打大鑼逍遣，因此黃錫九跟陶默厂拉上了關係，陶是端方胞弟端錦的女兒，雖然說不上是風華絕代，可是她喜御男裝，經年長袍坎肩，留個中分西式頭，加上她皮膚美皙眉目如畫，於是有人給她起了個外號，稱她爲坤票中的川島芳子，她也坦然默認。

東北城有些大專男女學生，有人對陶備致傾倒，論造詣陶的確是個唱戲的好材料，不但聲音嘹亮，且能及遠，水音冉冉，縱意所如，連梅蘭芳聽了她的「鳳還巢」，都擊節稱賞。最初陶默厂是爲面子所侷，偶或到舫興捧捧場，後來黃錫九請來一位坤票鬚生楊小雲，難得的是嗓音青蔚，毫無雌音，又跟陶默厂吃一個調門，一搭一檔經常掇一齣生旦對兒戲，加上孟廣亨的胡琴，楊名華的二胡，每逢週末假日，准演不謊，非但場場滿堂紅，甚至有時路口還要加臨時凳，茶客中眞有捧著茶壺站在窗口聽的，這種盛況足足維持了兩年時間，可算是舫興茶社黃金時代。

曹小鳳是唱旦角出身，跟姚二順（玉芙）是師兄弟，曹爲人四海，交遊廣泛，所以他接過德昌茶樓辦清音桌兒，伶票兩界都去趕著趁熱鬧捧場子，尤其梨園行一些生活艱窘的同業，都願給曹小鳳效力，曹對這幫苦同行，還是眞心照顧，明著開戲份，暗裡給車錢。梨園行有個唱銅錘的尹小峰，當年曾經跟譚鑫培配過戲，有一回陪譚老板唱「捉放」，一時疏神，臨場忘詞，被戲班辭退，那知從此一蹶不振，到了晚年更爲潦倒，飢一頓飽一頓面龐削瘦到無法勾臉，自然也就無人請教搭班登台，可是嗓子依舊剛勁爽脆，能夠響堂，因此不時到德昌茶樓幫幫場子，有時唱個「五雷陣」、「鎖五龍」，老腔老調雄邁高古，還眞受知音茶客們歡迎，曹小鳳惜老憐貧總是塞個塊兒八毛給尹老零花，這些地方就看出曹小鳳做人伉爽厚道來啦。

舫興、德昌兩家茶樓，南北對峙，各有各的茶客，平日互不相犯，可是每逢星期假日陶默厂在舫興一露面，德昌準能掉下二成茶座來，後來經陶十四出面，給兩家一調停，陶默厂分單雙日子兩邊唱，這種劍拔弩張的局面才算解決。常到德昌去消遣的票友，以協和醫院票房的人居多，如張稔年、張澤圃、管紹華、趙貫一、楊文雛、陶善庭、孟廣亨、趙仲安，可以說生旦淨末丑一樣不缺，再加上奚嘯伯、費簡侯、丁永祥不時常來露臉，伶界的芙蓉草、王又荃、李洪福，甚至沒下海時的朱琴心，都偶或來溜溜嗓子，有時大家聊得高興，也許來一齣大群戲如「法門寺」、「龍鳳呈祥」、「大登殿」等等，最特別是謀得利唱片公司女經理德國人雍柳絮又名雍竹君一高興，也坐上清音桌兒唱一齣「罵殿」，或是「武昭關」一類戲，也能多上兩成座兒。

東安市場裡的吉祥茶園，是個熱戲園子，差不多黑白天都有戲，據後台管事汪俠公說：「有一天言菊朋跟陳麗芳在吉祥唱白天，戲碼是『賀后罵殿』、『臥龍吊孝』雙齣，碰巧趕上陶默厂、奚嘯伯、管紹華、芙蓉草，在德昌茶樓攢了一齣『探母回令』，德昌這邊擠得是滿坑滿谷，吉祥那邊稀稀落落上座不足三成，言、奚兩人原都是郭眉臣家常客，氣得言三幾個月都沒跟奚嘯伯說話。」可見當年德昌茶樓的清音桌兒是多麼風光叫座兒啦。

東安市場兩家茶樓一走紅，蕭潤田覺著茶樓清唱也是條生財之道，於是他在西單商場桃李園也組織了一檔子清唱，蕭出身是北洋時期財政部一名傳達執事，因為心靈性巧，愛好平劇，雖然扮起來不怎麼受看，可是嗓子清脆能吃高調門，後來加入春雪聯吟社票房唱青衣兼刀馬旦，曾受教於王琴儂、胡素仙、榮蝶仙三位老伶工，又肯下私功，雖然票友出身，可是把子打得乾淨俐落，玩藝兒夠得上規矩磁實，可是祖師爺不賞飯吃，吃虧在扮相太苦，祇好改絃易轍，專門給人說戲，因為人頭兒熟，還外帶著給人排搭桌戲。

民國二十年左右，平劇在北平各大學中學裡大行其道，紛紛成立平劇社聘請教習說戲，學生票友一齣戲沒學全就想彩爨露臉，可是梨園行有點聲望的教師，誰也不敢那們做，怕砸了招牌，而蕭潤田則不然了，祇要你敢上台，他就往上架，這種做法反而大受學生票友的歡迎。全盛時期，蕭潤田差不多有十多個學生票房，掛有總教習頭銜，辦搭桌是最容易吃秧子弄鈔票的行當，半票半伶的于雲鵬有一份嶄新的戲箱，一般初學乍練的學生票友，整天就想粉墨登場出出風頭，再加上票房裡幫閒碎催左竄掇，右攛弄，立刻就能湊出一臺搭桌戲來，癮頭大的票友們，都可以隨時大過戲癮，蕭潤田從中上下其手，那幾年倒也讓他撈摸了幾文。

桃李園一成立清音桌兒，蕭的手上正充足富餘，所找文武場面手底下都很硬整，加上老票友如章筱珊、費海樓、何友三，都住在西城，中廣電台選出來的票友如高博凌、李心佛等人加上後來紅紫一時的李英良、紀玉良、龍文偉都算是桃李園的臺柱子，臺面倒也火熾鬧猛，不過學生票友非生即旦，頂多有一兩位學黑頭唱花臉的，到了星期假日學校沒課，三個一群，五個一夥都一擁而來，張同學剛唱完「大登殿」，李同學緊跟著「三擊排」、「探寒窯」，什麼梨園最忌諱的時光倒流，滿沒聽提，要不然「五家坡」、「汾河灣」、「桑園會」生旦對兒戲一齣接一齣，這些學生大爺，祇求登台露臉過戲癮，都是茶社的財神爺，誰也不能得罪，以致品流龐雜，擾碎終朝，自然有點身分的票友，慢慢相率裹足，到了抗戰前夕，桃李園就成爲道道地地學生票房啦。

名伶名票中，有些位對清音桌兒興趣特別濃厚的，像程玉菁、芙蓉草、裘桂仙、瑞德寶等等，可也有些大名鼎鼎的名票名伶在臺上龍驤虎躍，可是一生上清音桌兒，就覺著渾身不得勁兒，不是臨場忘詞，就是撞在鑼鼓上，當年票友王靜塵、世哲生、關醉蟬、古井伯臺上玩藝個個都稱上精湛老練，唱做念打要什麼，一坐清音桌兒立刻八下裡不自在，唱戲就怕自己「起尊」，一失神準得出錯，臥雲居士說：「他寧可在臺上唱齣太君辭朝，也不願意在清音桌兒上來個大登殿的王夫人。」此話足證在臺上歡蹦亂跳，到了清音桌兒上，眞不見得準能發揮十成功力呢！

老伶工最愛上清音桌兒的要算老夫子陳德霖了，記得當年合肥李新吾經畬（李瀚章公子）在他甘石橋寓所過六十大壽，他的公子炳广是春陽友會名丑票，會友大衆合送一場代燈晚的清唱，李八爺（新吾行一）跟陳德霖是多年老朋友，晚飯後陳老夫子自告奮勇跟袁寒雲來了一齣「鴻鸞禧」，陳是正工青衣，平素不苟言笑，這種說京白閨門旦的戲，在任何合場也沒露過，臨場居然茹柔雅謔一絲不苟，看他龐眉皓髮，一種小兒女嫣紅柔綠可掬嬌態，眞是妙絕。上海名票陳小田是老壽星孫婿，唱了一齣「落花園」滿弓滿調，比他在百代公司所灌那張唱片，尤爲精彩。後來馮六爺光等人一起鬨，臨時攢了一齣「打麵缸」，梅畹華的張才，王君直的大老爺，李炳广的老爺，侗厚齋的王書吏，趙欄珊的周臘梅，余叔岩司鼓，穆鐵芬吹嗩吶，大家都是臨時攢鍋，溫居賀喜一場，你一言我一語，把個周臘梅又要搭碴兒，又要提調，鬧了個暈頭轉向。事後梅蘭芳說：「這是第一次他上清音桌兒，也是第一次唱麵缸。這齣空前絕後的玩笑戲，屈指算來，已經五十多年前往事了，因爲太不尋常，所以當時大家的聲容笑貌，深印腦海，歷久彌新，回想當時場上人物，多數年逾百齡，最年輕也是九十開外，現在就是聽過這齣戲的人，恐怕也寥寥無幾了。」所謂票房茶樓清音桌兒，恐怕早已成爲歷史上的名詞了！

從綜藝節目「三百六十行」

——旅館業想到雞毛店

現在電視臺的綜藝節目，有橋劇、有短劇，爭奇鬥勝花樣百出，其中我對「三百六十行」最爲欣賞，因爲它有深度，有內涵，雖然偶或有些硬滑稽，稍嫌低俗，可是大醇小疵，不足爲病的。

十一月十五日「三百六十行」節目介紹旅館業，從豪華的觀光大飯店談到睡統舖的火房子，這種最低級投宿處所，北平人叫它鷄毛店，是種北平的特產，現在多數人沒見過，甚至於也沒聽說過。

有一年我到香山有事，天已擦黑從香山往回裡趕，深怕關在西直門外，（早年北平各城門打過二更就關閉，要到五更才再行開放。）誰知過了海淀，坐的騾車突然切軸，等趕到西直門時，已然上栓落鎖，沒法進城，祇好在西直門外找個旅店歇下。晚上無聊，信步到街上漫步，看看夜景，發現在緊靠城根有幾處土坯牆單片瓦的房子燈燭輝煌，走進前一看，每家門口都掛著一把笊籬（北平人煮麵用笊籬來撈），敢情是聞名久矣的鷄毛店花子旅館。

為了好奇心驅使，乍著膽子進到裡面巡禮一番，既然是乞丐們專用的住處，屋裡自然任何設備也沒有，整間屋子除了中間留一條土路之外，兩邊地下舖滿了稻草，草上絮滿了鷄毛，屋頂一邊挂著紮滿鷄毛的軟木框子，到了睡覺時間，投宿的人分兩邊按排躺好，齊頭不齊腳，然後把掛在屋頂的框子放下來，正好蓋在大家的身上，屋小人稠，上蓋下舖都是鷄毛，除了汗臭蒸薰外，倒也相當溫暖，把著屋門口有一個煤球爐子，（不敢往裡搬，怕燎著鷄毛。）如果，乞丐們討來有殘肴剩飯，可以溫熱來吃，鷄毛店還顧及住客飢餓，每晚總熬一鍋熱氣騰騰極粗的稠粥跟窩窩頭貼鍋子，供應投宿人買來充飢，物雖不美而價廉，照顧的住客倒也不少。（據說冬天生意興隆，越冷生意越旺，到了夏天，花子們喜歡露宿就沒有人愛住鷄毛店了。）

開鷄毛店的店東，可以說清一色都是當地流氓混混耍人兒的，除了開鷄毛店還外帶賭局，兼賣披片兒、砂鍋、炭末等用具。披片兒是用破舊布條，碎爛棉花縫綴而成的，長不過膝寬可蓋肩的棉布片兒，到了冬天北平天氣太冷，乞丐們衣服單薄，破不蔽體，祇好弄個披片兒，披起來禦寒，北平人常俏皮人說他都披了片兒了，就是諷刺他流為乞丐的意思。乞丐疏懶成性十之八九好喝酒好耍錢，鷄毛店開賭，也就是投其所好，花子們祇要身上有點進項，就想趕趕老羊，擲兩把骰子，把身上揣的幾文折騰出去，才能安全，甚至於輸急了，賭得一文不剩，把身上披的片兒，還要在臨時小押；押點賭本來耍呢！

有人說，阜成門外，花市東南角的鷄毛店最闊綽，前者靠近白房子，後者挨著沱子河，都有幾處低級娼寮，花子們贏了錢，自然有流鶯土娼趕來湊熱鬧，不過鷄毛店有規矩，男女分鋪，不得混淆，想樂和一番，只有另外覓地尋休，鷄毛店是沒有特別客房的。上海南市靠近十六鋪，閘北天仙庵迤北一帶，都有類似鷄毛店的極下等旅館，一層一層木板床，擠得跟沙丁魚一樣，要鋪蓋還得另外出租錢，住的人鷄鳴狗盜品流龐雜，矇騙偷摸時常鬧事，就是新出道的花子，都不敢去尋休，其齷齪骯髒情形比「三百六十行」所描寫的還要可怕呢！這種鷄毛店火房子，前個世紀情景，現在如何就不得而知了。

蝎子螫了別叫媽

談到五毒，南方北方其說各異，南方五毒裡有蜈蚣沒有蠍子，北方五毒裡有蠍子沒有蜈蚣，所以南北五毒也就不一樣了。蜈蚣跟蚰蜒（簑衣蟲）都是節足動物，蜈蚣有二十二環節，每節有腳一對，鉤爪鋒利，端有小孔，從毒腺裡放射毒液，北方祇有蚰蜒，錢串子（蟲名），我在北方住了幾十年，祇在舍下門房看見過一隻七八寸長紅大蜈蚣，據說可能是躲在賣南菜的貨擔子裡，渡海而來的，北方是不可能有蜈蚣的。

蠍子屬於蜘蛛類，一般都是黃褐色，有一種靑黑色的，北平人叫牠靑頭楞，因為毒腺特別發達，螫了人分外的痛，蠍子顎頭上有對觸鬚，有如螃蟹的鉗子，尾巴上有一隻毒鉤，遇到敵人，尾巴往上一翹，螫人射毒，如果被牠螫上，火燒火燎的痛，那個滋味實在不好受，不到毒液消失，是不會止痛的。蠍子怕日光火光，經常躲在陰暗卑濕的牆縫屋角等地方，晝伏夜出，到了夜晚才敢出來活動，一方面求偶，一方面覓食，蠍子從來不會無緣無故螫人，總是人類或別的蟲豸先侵犯了牠，爲了防衛自身安全，牠才挺鉤一螫。

在臺灣每一個家庭，最厭惡的是廚房的蟑螂，不管您用什麼「克蟑」「滅蟑」專治蟑螂的殺蟲劑，天天噴洒，也祇能絕跡一時，一旦停止噴洒，眞是野草燒不盡，春風吹又生，過不了三幾天慢慢又恢復活躍起來。蠍子在北方鄉間，那比臺灣蟑螂還要可怕，蟑螂祇是嚌啜食物，人吃了不衛生，容易傳染疾病，蠍子可就不同了，因爲鄉間照明設備欠佳，死角處處，一不小心讓牠螫一下，不但痛徹心肺，如非趕快擦藥，否則能夠紅腫漲痛好多天不能幹活兒呢！

蠍子的繁殖力異常驚人，我在讀小學時期，年輕好弄，用趙子玉的蛐蛐罐子，養了好多隻青頭楞的大蠍子，將蛐蛐罐嚴絲合縫，雖然牠身扁善鑽，可也跑不掉。母蠍子在生產之前，全身膨脹得發亮，如果餵牠點蟻卵吃，不但預產期可以提早，而且生得極快，據老輩人說，蠍子一胎生九十九隻，連母體一共是百隻，我在蠍子生產時，曾經注意數過，因爲蠍子生得快，爬得快，不一會就是密密麻麻一大堆，永遠數不清，每胎生個百把隻，可能祇多不少。蠍子生育，既不是胎生，也不是卵生，而是待產的母蠍子，一陣肢體顫動，從脊背上㩳裂一條縫，小蠍子就爭前恐後擠出來，等幼蟲全部出清，母蠍子此時母職已盡，縮成一張蛻皮了，因爲蠍子生下來就沒媽，所以北平人說被蠍子螫了，不能叫媽，越叫越痛，這個老媽媽論，就是從這裡來的。

壁虎北方叫牠蠍虎子，混身軟綿綿，既無利螫，又無毒針，居然是蠍子剋星，蠍子遇見牠簡直無法逃遁，兩者相遇拼鬥結果，最後終於變成了蠍虎口中之食。我最初聽人說，蠍子鬥不過壁虎，所以才有人叫牠蠍虎，還不十分相信，爲了證實此事，在養蠍子之外，又養了幾隻壁虎，壁虎身體滑扁善鑽，祇好把牠養在細孔的鐵絲籠裡，臨空吊掛，否則一不小心，就是貓咪的一餐美食了。

我把壁虎跟蠍子放在一隻徑尺的綠豆盆裡，看牠們搏鬥，綠豆盆掛有很厚的釉裡，所以也無虞戰敗一方棄甲而遁，兩者在盆底一旦相遇，蠍子平素那股子軒昂倨傲意態，立刻收斂起來，轉身想溜，可是牠動作沒壁虎來得夭矯迅捲，左轉右轉，蠍子總是攔在當頭，逃既不可，最後只好奮力一戰了。

俗語說得好「一物降一物」那是一點也不假的，蠍子遇見壁虎，有如人畜遇見猛虎，戰慴失色，駴目洞心手腳發軟，惟有跧伏愕視，蓄勢待機，壁虎也知道對方懾於自己聲威，圍著蠍子急走，圈子越繞越小，大概繞個兩三圈，很巧妙的竄過來把細長尾巴，伸到蠍子背上一點，蠍子尾巴一翹，不偏不斜毒針正好刺中壁虎的尾巴尖上，我想物物相剋，尺寸拿捏得眞是恰到好處，壁虎挨了一毒針，立刻轉身搖尾很快就把中毒的一小節尾巴尖自行擰掉，壁虎雖然甩去一節尾巴，好像毫不在乎，仍舊縱身圍著蠍子游走，抽古冷子又把尾巴點向蠍子的脊梁，蠍子一彎鉤子，又刺個正著，如此一連兩三螯，壁虎尾巴斷了兩三次，（有人說直魯豫的壁虎尾巴環節，比別處的多兩節，如遇頑強敵人，可斷成禿尾巴壁虎，是否屬實，那要請教生物專家夏元瑜教授了。）蠍子經過這幾次折騰，已經精疲力盡，毒針裡所含毒液也都放淨，祇有蜷伏不動，壁虎認定時機已到，一撲而前，一口先咬破蠍子肚皮，繼之囓嚼兼施，偌大一隻蠍子頃刻吞吃殆盡，壁虎蠍子的一場龍爭虎鬥，維是蕞爾蟲豸，可是大拚起來，細心觀察牠們鬥智鬥力，互用機心情形，比看鬥鷄鬥鵪鶉還更有趣呢！臺灣到處都有壁虎，而且新竹以南的雄壁虎還鳴聲咋喈，祇可惜臺灣不產蠍子，這種戰鬥場面無法窺見了。

今年蠍子似乎很走時，在莫斯科舉行的奧運會，有一個國家做的紀念章，就是一枚蠍子形狀，秋天在歐洲舉行的世界運動器材展覽會裡，我國廠商「上運公司」就推出一種造形奇特的網球拍，名爲「毒蠍」Scorpion是用鋁合金製造，打擊區域擴大，打擊韌力堅強，備受各方矚目，因此而接受了不少訂單，想不到令人厭惡的蠍子，還居然紅運當頭，有人拿牠當招牌做幌子呢！

搖煤球燒熱炕

宣統大婚，坤寧宮洞房仍舊睡的是那張木　，一直到他移居儲秀宮，經皇后婉容的建議，買了一架鋼絲彈簧的銅床，宮中才由睡而改爲睡床的……

匹頭之言

去年十一月廿八九號蓋仙夏元瑜教授，發表了一篇「紅學蓋論」仙心禪理，妙過通玄，令人拜服，據稱他的行當是爬行，此行向所未聞，乍聽之下亦驚亦喜，驚的是在下對於紅學一竅不通，乃蒙雪芹前輩的青睞，喜的是仙緣深厚老友提攜，楞拉小卒子過河挨上一角，仙緣稍縱即逝，趕緊來一段北方的搖煤球熱炕，來湊湊熱鬧捧捧場，免得蓋仙笑我筆頭子太懶吧！

白爐子和「小胖小子」

大陸有句俗語說，「霜降見冰碴兒」一進十月，古城北平寒意已濃，清早盥洗，用涼水漱口就覺著有點冰牙根，在院裡練套八段錦，呼吸之間已經有薄薄的「哈氣」。依照清朝定制十月初一升火爐，要到第二年二月初一撤火，霜降之後小雪以前，家家忙著撕下窗戶上的冷布或珍珠羅，糊上高麗紙，風門加上蹦弓，房門換上棉門簾，煤屋子（北平中上人家有堆煤的屋子叫煤屋子）早就堆滿了紅煤塊煤大小煤球。大陸北方大都市的住家，都是以煤為主要燃料，紅煤來自山西，搖煤球的煤末子，則來自離北平不遠的門頭溝，至於劈材木炭用途極少，不過是引火之物罷了。

「煤鋪」：北平大街小巷都有煤鋪，屋子雖小，院子可得寬綽，煤末子堆積如山，還得有空地堆黃土、搖煤球、堆煤球、晒煤球，（好在早年北平土地不十分值錢，要在臺灣誰也開不起煤鋪。）鋪子院牆總是堊得粉白寫上「烏金墨玉」四個正楷大字，一個個賽包公似李逵的煤黑子忙出忙進，您到煤鋪子叫煤球就如同到了非洲一樣。

北平一些殷實住家，嫌煤鋪的現成煤球土多煤少火頭不旺，如果家裡有偏院跨院，都喜歡到煤棧或是專門跑門頭溝拉駱駝運煤販子，卸幾車或幾把駱駝的煤末子（駱駝七隻叫一把），倒在院子裡，自然就有搖煤球的工人上門來兜生意了，雖然搖煤球不需要什麼特別手藝，祇要一把鐵耙，一隻鋼鏟，一個柳條編的方眼大簸籮就夠了，可是搖煤球的不是定興就是淶水老鄉，很少有別的縣份人，幹這個行當的，他們搖好煤球管晒乾，管往煤屋子裡堆，遇上天陰如墨，眼看要下雨，他們會讓主人預備蘆席油布，負責給煤球蓋上，搖一次煤球，這一冬取暖的大小煤球爐子以暨廚房的大灶都不怕沒有煤燒了。

這種取暖的煤球爐子，北平人叫它白爐子，是專門手藝，材料是以齋堂（地名）產的白灰加細麻刀打磨而成，最有名一家舖子叫龐公道，二三十個大小工，有整年做不完的生意，北平不但住家用的白爐子都向他家買，就是餑餑舖的大烘爐，粥舖吊爐燒餅的吊爐也是龐公道獨家生意。

取暖的白爐子分特大中小四號，氣派宅邸，錢莊票號屋宇深邃用的都是特號大白爐子，外罩紫銅或白銅擦的蹭光瓦亮的爐架子，不但鉗、撥、通條齊全，就是磚磨的支爐碗兒，鐵打的蓋火也都一樣不缺，放在爐盤子裡，頭二、三號的爐子，就要看屋子高矮大小分調配啦。

還有一種爐邊窄爐身矮，肥而且胖小煤球爐子，北平人叫它「小胖小子」，爐架底下裝四個輪子，是專爲推在炕洞裡燒炕用的。

驅霉卻濕之外，使得水仙臘梅都早著花

炕字有兩個寫法、「炕」跟「匟」生火的是炕，不生火的是匟，南方都睡床，對北方人睡的炕或匟是不十分清楚的。

北方的大宅子都有一定的格局，不管是五開間，七開間，或是九開間，正中那間必定有一座四扇油綠屏門通往後進，平日門雖設而常關，遇有婚喪喜慶大典，才正式開啓，平日在屏門之前，安放一張匟床，匟上有匟桌，桌後放一小條桌，多半是安放一柄帶玻璃罩的三鑲玉如意，或是一對瓷帽筒，左右各設長靠枕厚坐褥一對，冬天加皮褥子，夏天換草蓆子，匟前左右還各放一隻腳踼床，腳踼床中間，還要放上一對高腰雲白銅的痰盂，是給來客痰嗽磕煙灰準備的，上賓生客都要請坐匟床奉煙敬茶，至於熟不拘禮的朋友才任便散坐呢！

北平最款式的王公宅邸，在四圍走廊底下都是中空，有如現在的地下室，上房走廊左右各砌個爐炕，實際地下是一條四通八達的地道，由正房通到套間東西廂房，爐炕上覆木板，掀開木板，可以循階而下，正房兩邊各砌有一座或數座燒煤球的火池子，燒起煤球後，正房套房東西廂房都感覺到溫暖如春，燒一次煤球，除了驅霉卻濕，還能暖和上十天半個月之久，凜冽的嚴冬，燒個三兩次，就可以熬過最冷的三九天啦。放在屋裡

的香櫞佛手水仙臘梅，均能提早著花，比放在花廠子裡的暖洞裡，還開得茁盛，不過燒一次地爐，耗用煤球數量太大，雖然早年煤斤便宜，可也所費不貲，所以除非家有喜慶大事，誰家也捨不得，輕易點燃火池子來暖冬的。

八步床、寧波床瓜代了舖著厚褥的木匟

江南人都認爲一到冬天，北方人家家都會燒熱炕來取暖，其實北方城居的富貴人家，燒熱炕的，還極爲罕見呢！有之那就是巡更守夜看家護院雜工小使住的更房下房了。熱炕必須用磚或三合土砌起來的，砌爐灶砌熱炕，一般水泥匠，都不能承應，這項手藝又是一種專行，砌熱炕他們行話叫「坌」。炕的下方有一坑洞，直通到底，燒熱炕的爐子是特製品，肥墩墩又矮又胖，把火生旺後，放在有四個軲轆的鐵架上，推進坑洞裡，坑洞還要留兩個通外面的氣眼，雖然爐火熊熊，當時不會染受煤氣，可是經過漫漫長夜，爐火熄滅，如果煤氣內蘊，跟瓦斯中毒一樣，可以致人於死，所以早年巡更守夜的更夫被煤氣薰死的時有所聞，不算是什麼特別新聞呢！

早年北平豪富之家，因爲在輦轂之下，所睡的匟，有些就仿效內廷，沿牆打造船形的木板匟，上有鏤空描金的橫楣子，雕繢采錯的落地罩，流蘇錦帳，緹繡鴛綢，臥室有多長，匟就有多長，匟的兩頭，各放一張矮腳帶屜小條桌，除了桌上安放座鐘掛錶燭臺

明鏡以暨各式精巧小擺式外，抽屜裡可以安放卸粧及穿戴所用的珠翠明璫，條桌下面各墊一條堅而且厚的普魯氈子，可以穩住條桌不會晃蕩，匟正中疊放各種厚薄棉夾樸被，並把高矮長短耳枕靠枕，堆成一大堆，這種匟的匟板，都是堅硬不蛀的木材，爲恐老年人睡在上面嫌板怕硬，所以鋪墊的褥子，用料都以厚軟輕暖爲主，匟下雖然中空，可也沒人安放宮熏火爐取暖的，三九天在被筒裡放一隻湯婆子焐被，也就夠暖和的了。

在同光以前，北方還沒有帶彈簧的沙發椅榻，一般起坐椅凳，儘管是酸枝花黎紫檀，再加厚厚椅墊，坐在上面依然是挺腰立背太不舒服，所以後來才有籐心搖椅香妃榻一類輕巧家具流行。自從南方籐屜棕棚的八步床、寧波床、填漆床流行到北方後，富貴人家先是匟床兼用，後來漸漸把木匟淘汰改睡軟床的。至於家規嚴謹的人家，說是籐屜棕棚棉軟，年輕人睡久了容易彎腰駝背，仍然不准睡床，現代醫師極力主張大家睡木板床而摒棄彈簧床，可見當年老一輩人的看法，是有一番大道理的。

內廷向不升火，慈禧也睡木匟

早年那些人睡熱炕呢！據筆者所知，北平老式小四合房子，大半都有一兩舖磚炕，因爲大家都改睡床鋪，磚炕太佔地方，全都拆掉，縱或留有磚炕，可是依舊用來燒熱炕的，爲數也寥寥無幾了。到了抗戰軍興，除了西北幾省產煤的縣份，大家到了冬天，仍舊燒炕外，到了民國三十四年筆者離開北平時節，城裡城外燒熱炕的人家，可以說完全絕跡了。

砌熱炕不是一般泥水匠所能承應，是另有一套技巧的，砌熱炕、澡堂子砌大池，是有專門手藝人的，砌磚炕如果火道砌得不得法，不是炕上冷暖不均，就是熱度忽大忽小。有一年曹錕兵變，在北平城裡搶當舖，筆者全家逃到京南梁格莊世交錢三爺莊子上，暫避兵亂，他家騰出正房安頓我們，長工們爲了討好遠來嘉賓，把熱炕燒得特別暖和。炕面是用三合土細麥梗碾得光而且亮，剛一睡上去，既溫暖又解乏，可是沒過半小時，漸覺煩躁口乾，睡到半夜，實在捱不住了，祇好披衣而起，坐等鷄鳴，就這樣第二天舌敝唇焦不說，連雙目羞光畏日佈滿紅絲，由此可知，不是從小習慣睡熱炕，這種溫暖如春的滋味，還無福消受呢！

清代帝后妃嬪雖臥具儘管平紬厚繒，絲帉珠幢，可是仍舊睡的是木匠，慈禧晚年是最會享受的了，她以太皇太后之尊，除了在三貝子花園暢觀樓她的行宮寢室裡，有一架舖錦列繡的鋼絲床外，她日常居住的皇宮以暨在頤和園的夏宮，還不是照舊睡木匠，祇不過湖絲蜀錦華縟柔適而已。宣統大婚，坤寧宮洞房，仍舊睡的是那張木匠，一直到他移居儲秀宮，經皇后婉容的建議，買了一架鋼絲彈簧的銅床，宮中才由睡匠而改爲睡床的。

清朝宮殿，都是沿襲元明舊制，兩夏重棼，深邃弘敞的，朝參廷議，爲了愼防火燭，向不生火，隆冬議事，多在正殿的東西暖閣，所謂暖閣，不過是風窗檽牖，幃以裘帟綿幕稍避冬寒而已。至於掖廷後宮，或皮或棉帷幕深垂，隔洞縮小，加上宮熏裊裊，手爐腳爐不離左右，自然滿室煦和，除非三九酷寒，宮中尙有一種特製的白堊泥爐，肥矮膛大，由宮監們把火生旺，不見絲毫藍焰，火苗全紅，才敢抬進殿內取暖，大約一個時辰火勢衰乏，立刻又要抬出宮去。宮內對於生火取暖，已經是百般謹愼小心，當然更不敢燒熱炕取暖了，稽考明清官私文書以暨私家記載，均無這樣記述，由此可以推想到當年富貴宅邸之不燒熱炕，也無非仿效內廷罷了。

炕後語　夏元瑜

按炕之設備，南方人固然沒見過，就是北方的中年人也沒趕上有它的時代。唐先生和我也僅在年輕時候見過，以後家家全改用了床，樱棢和籐棢究竟比磚面的炕舒服得多了。我是蓋世仙翁的徒弟，說話不足取信於人，但是唐先生卻沒受我的薰染，句句實言。他所說宮中的情形也是眞的。他小時候有一次進宮中向瑾太妃拜年，賞吃春餅（臺灣的輪餅），命婦和宮女們一瞧太妃有賞，於是都來幫著他捲，結果把他塡病了。到太妃的炕上，請了張太醫來看病。瑾太妃坐在炕旁，太醫只好跪著把脈。因此他所說宮中的匟和匟上所鋪墊的全是實情。

前文中說到匟几上放著帽筒。這東西入民國後就淘汰了。它是一尺多高，直徑四寸的圓柱形之物，類似花瓶，瓷燒的，筒壁刻洞，彩繪，專爲放官帽之用。前清做官的人戴的官帽，不論秋冬天戴的秋帽，和夏天戴的涼帽，後面往往有向下斜的翎子，無法平放在桌上，一定要放在帽筒上方能托起來。

近代曹子建袁寒雲

袁克文博解宏拔瓌瑋俶儻，可說近代不世之才，可說是他的遭逢際遇，跟漢代曹子建幾乎完全相同，實在令人可敬可佩可嘆。

洪憲皇帝袁世凱姬妾如雲，一共給他生了十六個男孩，長子瘸太子克定，克文行二，是世凱使韓時，韓王所贈姬人金氏所生，克文在漢城出生前，世凱夢見韓王送來一隻花斑豹，用鎖鏈繫著，豹距躍跳踉，忽然扭斷鎖鏈，直奔內室生克文，所以世凱賜名克文，一字豹岑，至於抱存、寒雲都是後來他的別署。

他讀書博聞強記，十五歲作賦塡詞，已經斐然可觀。他擇偶非常仔細而且挑剔，聽說安徽貴池劉尙文的女公子梅眞美而賢，與父住在天津候補，他在長蘆鹽商查府壽筵上隔簾偷窺，果然修嫮嫻雅，於是託人求親，對方正想跟袁家結納，遂成秦晉之好，袁夫人生家嘏、家彰，至於馳名國際的三子家騮，則是外室花元春所生。

克文對乃父竊居帝位，改元洪憲，極端反對，他的長兄克定，則想備位皇儲，準備父死子繼，過一過做皇帝的迷夢，兄弟二人積不相能，兄在彰德，弟留津沽，兄來津沽，弟返洹上，參商避面，互不往還。後來世凱稱帝，已成定局，克定謀臣知項城對克文寵愛，深恐他承歡謀儲，於是蜚言中傷，他詭稱有病，閉門不出，後來被他想出一條錦囊妙策，請求援清朝册射皇子往例，封爲皇二子，並請名家刻了一方「上第二子」印章，以示別無大志，那些謠諑才漸漸平息。

克文最膾炙人口的詩要推：「絕憐高處多風雨，莫到瓊樓最上層」那一首了，揚州才子畢倚虹，認爲那首詩，是反對洪憲帝制而作，而且國民黨有些人發表宣言，反對帝制，就根據那首詩引證指出，連項城識大體的兒子，都不贊成帝制，何況別人，寒雲這首詩將來在歷史上自有其千古不磨的價值，可惜寒雲的詩文向來不留底稿，隨手拋擲，他雖記得有過這樣一首詩，可惜已經記不得怎麼說的了。後來筆者在劉公魯家，看到寒雲寫的一個扇面，寫著一首七律，「乍著微棉強自勝，除晴晚向來分明。南回寒雁淹孤月，東去驕風黯九城。隙駒留身爭一瞬，蟄聲催夢欲三更。絕憐高處多風雨，莫到瓊樓最上層。」字寫得半行半草，也沒署上下款，想來是興到信筆之作，在袁項城皇帝迷夢衝昏了頭的時候，寒雲敢於作出這樣一首詩來，可以說是衆醉獨醒傳世之作了。

寒雲一生不御西裝，他說西裝硬領領帶是第一道箍，褲腰繫上釘釘絆絆的皮帶，前後又有四個口袋是第二道箍，腳穿革履底硬幫挺是第三道箍，加上肩不能抬，腿不能彎，腳穿帶起來五花大綁簡直是活受洋罪，那有中國衣履舒適自如，所以他終身祇穿袍子馬褂，尤其喜歡戴頂小帽頭，還要釘個帽正，不是明珠、玭霞、就是寶石翡翠。他儀表俊邁，談吐博雅，可是有時他在抑寒忿懥的時候，會偶或露出鬻繒屠狗的風貌來，有人說那是他跟步林屋同拜青幫頭子張善亭爲師的影響。他在幫裡是大字輩大師兄，曾經開香堂收徒弟，外傳他收徒弟最爲兀濫，大江南北弟子有數百人之衆，其實是有些不肖分子假借皇二子招牌託言曾列他的門牆，在外招搖撞騙，逼得他在上海晶報登報闢謠，把他正式收入的門人一一開列，其實不過十六員大將而已。

寒雲的詩文固然高超清曠，古艷不群，他嵌字集聯，更是深得聯聖方地山眞傳，妙造自然，絕不穿鑿牽強。記得他有一次在上海一品香宴客，步林屋攜了琴雪秋芳姊妹同來，酒酣耳熱雪芳乞賜一聯，他不假思索，立成兩聯，即席一揮而就，贈雪芳是「流水高山，陽春白雪；瑤林瓊樹，蘭秀菊芳。」贈秋芳是「秋蘭爲佩；芳草如茵。」他才思的敏捷，不能不令人嘆服。他贈名妓名伶嵌字聯極多，可惜筆者一時想不起許多了。

寒雲一生極愛收藏，舉凡銅、瓷、玉、石、書畫、古錢、金幣、郵票無不一好，妙的是更愛收藏香水瓶以暨古今中外千奇百怪的秘戲圖。他把那些選英擷萃的寶貝，都放在他一間起居室裡，錯落散列，光怪陸離，好像一座中西合璧的古玩舖。他給這間起居室命名一鑑樓，自作長聯：「屈子騷，龍門史，孟德歌，子建賦，杜陵詩，耐庵傳，實父曲，千古精靈，都供心賞；敬行鏡，攻胥鎖，東宮車，永始斝，宛仁錢，秦嘉印，晉卿匣，一囊珍秘，且與身俱。」他認爲畢生搜集的愛玩，都包括在這聯語裡了。

他搜羅的印章，頗多稀世之品，有一次在天津地偉路寓所請李木齋、邵次公、金息侯幾位金石名家小酌，飯後他把歷年珍藏的印章，拿出來請大家鑑賞。除了漢秦嘉印，已經在他一鑑樓長聯列爲珍秘外，他的漢白琉璃印，白皙明潤，滑如獺髓，漢綠琉璃印，冷光奪目，綠若翡翠，可稱一對雋物，梁孝王的玉璽，梁庾信玉印，都是用名人書畫換來的。明楊繼盛朱文竹節印，忠烈遺物淸奇剛毅，正氣凜然，此外柳如是聯珠銅印，卞玉京自鐫象牙扇章，薛素素的環紐小金印，眞是琳瑯滿目，不知費了幾許心血才能納入他的珍藏。

收藏這些名印的鐵匣，尤爲名貴，也就是一般金石家艷稱的晉卿匣。據說鐵匣是當年阮文達芸臺在浙江主持詁經精舍，掘地所得宋代古董，原本就是貯放印章的，後來在揚州教場荒攤上發現，被袁的老師兼親家方地山買去，寒雲愛不釋手，是拿一部明刊左氏春秋，一部清刊四朝詩，才換到手的。名印名匣，相得益彰，寒雲故後，畢生珍秘，卒多星散，所收宋元精槧版本書籍，大半歸諸李贊侯（思浩）。至於其他搜巖熏穴所得金石古泉，名印郵鈔，就都下落不明了。

寒雲住上海白克路侯在里時某年春節，忽發雅興要兜喜神方，他芙蓉癖很深，所約上海遺少劉公魯，又是起居無時的怪人，兩人從劉公魯戈登路逛到威海路，已經是掌燈時分，恰巧合肥李仲軒住宅就在新重慶路上，李劉累代戚誼，寒雲跟李家也是姻親，所以逕自登堂入室，直趨李彌厂的佛日樓，恰巧筆者正跟彌厂，栩厂昆季搖陞官圖，普通陞官圖是用木質「撚撚轉」四面分德財功贓來撚，以定升降，我們玩的是用六粒骰子來搖，兩么爲贓，兩二爲由，兩三爲良，兩紅爲德，兩五爲功，兩六爲才，每人有兩個標幟，一代表官爵，一代表差事，先搖出身，然後再按所搖出點子依序升降，先小後大，如果出身是正途，如無贓由，自然入閣拜相，可以封爵大賀，如果出身是僧道醫生，終其身是僧綱司、道紀司、太醫院院正積資到正二品就按原品修致了，最妙的如非正途出身，無論如何功勳蓋世是不能升大學士入閣拜相的。

據李仲軒前輩說：「這種陞官圖雖然是一種遊戲，可是能讓人瞭解爵秩貶退黜陟的途徑，陞官圖可以遠溯到漢唐宋元明都有陞官圖，不過古代叫『部圖』雖然是遊戲，可是對於歷代官階就可瞭如指掌了。」李府每逢春節，年輕一輩的人，都要玩幾次陞官圖，那比玩麻將、打撲克有意義多了，寒雲雖然見多識廣，可是那種陞官圖，他沒玩過，於是一局又一局玩個不停，精神不繼，大家以蔘湯代茶，不知東方之既白，一直玩到燈節才罷手。

後來他寫了一本雀譜，詳其沿革，記其嬗變，又把由明迄清各地葉子戲又名馬吊牌、圖、位、法色以及打法，合編一書名為葉子新書，就是搖陞官圖搖出來的雅興。前年在香港友人處曾見原著瓷青面仿宋方體字，寬天地頭古色古香，惜在客邊，匆匆一閱，未窺全貌，頗覺悵惘。

他有一次請筆者到西藏路口晉隆西餐吃西餐，我知道他從不穿西裝更不愛吃番餐，何以偏偏請我吃西餐呢！結果他知道我與他同嗜，最喜歡吃大閘蟹，同時在上海花叢紅倌人富春樓老六，跟我們也有同嗜而且量宏。寒雲發現晉隆做的忌司烤蟹盂，肉甜而美，剔剝乾淨，絕無碎殼，不勞自己動手，蟹盂上敷一層忌司，炙香膏潤，可以盡量恣饗，他準備了三十隻，結果我們拚命大嚼，也不過吃了二十多隻而已。

彼時寒雲對富春六娘至為迷戀，日傍粧臺，他先後娶了溫雪、眉雲、無塵、棲瓊、小桃紅、雪裡青、琴韻樓、蘇臺春、小鶯鶯、花小蘭、高齊雲、于佩文、唐志君等妾姬十五、六人，他認為富春六娘濃艷冷香善解人意，應為群芳之冠。他特地請金石大家缶老寫了一方篆額「海上潮聲」取唐人潮聲滿富春句意裱好，懸在富春樓香閨，過了不久忽然絕跡不去，有人說富春樓曾經給寒雲磕過頭，列入門牆，自然不便百輛迎歸，其實富春六娘拜寒雲為老頭子，只是酒後一句戲言，主要是張長腿的手下大將畢莘舫庶澄，到上海洽公，頗暱六娘，名為在火車上住宿辦公，實際晝夜都在六娘香閨流連起膩，寒雲恐怕惹出是非，所以才跟她斷絕交往的。寒雲常自比陳思王，有一次梅蘭芳在上海大舞臺演出洛神，有人慫恿梅畹華情商寒雲爨演曹子建，寒雲初頗意動，經再三考慮，恐遭物議，拒絕登場，所以有人說寒雲一生放浪不羈，其實他臨到大節他是絲毫不苟的呢！

民國二十年三月間以猩紅熱不治，享年四十有二，幸虧潘馨航篤念舊誼，把他喪事倒也辦得風光旖旎，靈堂裡輓聯輓詩，層層疊疊多到無法懸掛，其中梁衆異的輓聯是：「窮巷魯朱家；遊俠聲名動三府。高門魏無忌；飲醇心事入重泉。」貼切允當，可以說是最出色的一輓聯了。黃峙青有兩首七律輓詩，其中「風流不作帝王子，更比陳思勝一籌」兩句，直把寒雲心事一語道破，寒雲地下有知，應當許為知己。

閒話故都年景

在早年農業時代，每年一交臘月就該忙過年啦。北平有句諺語說：「過了臘八就是年」；又說：「送信的臘八粥，要命的關東糖。」總而言之，各行各業喝臘八粥，就要清釐人欠欠人的新舊賬目了。

熬臘八粥

自古流傳，臘月初八那一天是佛敎始祖釋迦牟尼證道的佛日。佛門弟子用豆果黍米熬粥供佛，就是喝了佛粥，可以上邀佛祖庇佑。中國民間喝臘八粥，始於漢武帝時代。到了盛唐，臘月初八稱爲臘八節，過臘八啜粥的風氣曾盛極一時。清朝康（熙）乾（隆）時代，天下承平已久，除了熬臘八粥供佛外，乾隆踵事增華，把熬臘八粥，視爲一個大典。每年都要指派近支王公大臣，在雍和宮監視熬粥，供佛之餘，分送皇帝及各宮后妃去吃，名曰「尙膳」；並且要頒賜近支王公臣僚。說是吃了這種臘八粥，一年之內可以逢凶化吉，遇難呈祥。

熬製臘八粥的習俗，大江南北、黃河兩河各省好像都很普遍。不過北平許多夠資格戴紅頂子的官宦人家，因爲要把自己熬的臘八粥進供內廷，誰也不敢馬虎。拿我喝過最考究的臘八粥粥料來說，共有糯米、小米、高粱米、黍米、苡仁米、玉米糝、大麥仁、紅豆等八種。其中苡仁米要挑去中間米糠，紅豆要洗成豆沙。粥裡用的粥果，除了乾百合、乾蓮子可以混入熬內同煮外，至於其他六種粥果，榛瓤、松子、杏仁、核桃、栗子去殼退翳、棗子除核，可跟紅糖另放，喝粥時自取。熬粥的水要一次放足，不能再加。棗子剝下的棗皮用水煮開將豆沙稀釋攪勻，如果放的多少適當，則粥呈深藕粉色，啜喝起來，色香俱佳，方算臘八粥的上乘。

購買年貨

過年應買的東西很多，但也不外是過年應用吃食物品、鞋帽衣飾等等。談到過年吃食，以北平來說，各商號鋪戶最早的雖然正月初六就開市大吉，可是所賣都是隔年宿貨；總要過了燈節，才進新貨正式做買賣呢！大飯莊子過完年開市最晚，有的要到正月底才開座，一則因爲爐灶用了一整年要好好整修一番，二則灶上紅白案子師傅，祇有過年歇官工，紛紛回原籍過年，所以不能太早開座。至於過年不休息、照常營業的叫「連市買賣」，那簡直少之又少了。照以上情形來看，手頭寬裕的人家，預先準備個半月二十天食品的，視爲理所當然。這筆費用，可就相當可觀了。

至於衣著方面，一家男女老少過新年，換新鞋是不可少的。北平老媽媽有句老話，說過年穿新鞋踩小人，免得人在背後嚼舌根子。過年換新衣戴新帽，祇是小孩而已。至於大人們，北方民情相當樸實，衣服的款式，幾年也不會變樣，不像現在忽長忽短、時肥時瘦，年年花樣翻新。除了豪門巨富閨秀，要做幾件新衣服誇耀一番外，一般人家婦女，都有所謂家常穿的衣服和做客穿的衣服，把放在箱子裡的做客衣服拿出來穿，再買幾朶絨花戴在頭上，也就可以對付著過年啦。

擦拭祭器請香燭

中國人過年，最重要的一件事是酬神祭祖。早年每個家庭大都信奉佛教，一年四季受佛祖庇佑，年終歲暮，自然要仰答天庥，並給來年祈福。過年是一年中最大的節日。平日家人寄食四方，你東我西，到了歲末除夕總要趕回家來闔家團聚，此時愼終追遠告祭先靈是最恰當了。北平中等家庭都有幾堂祭器，這種祭器都是廣錫製造，底下是水碗（取其溫暖菜肴不涼），盌蓋做成魚質龍紋，鷄群鳳飾專供祭祀之用，每年祇用一次，至於供乾鮮果品的礬卣尊甌，都要洗拭乾淨。

敬天祭祖自然少不了香燭，平素不燒香的人家，過年他要多燒幾柱香，多數由除夕起到十七日送神止，共燒十八天。除夕說是諸神下界，訪察人間善惡，所以除夕還要另外點一座通宵香斗。北平各大香燭舖全能定做，斗高四尺多，每節要用金銀綵紙打箍，斗盤分成若干小格，裡面放的都是青精玉芝馥郁馝馞的香料。香斗從除夕子正點燃，要到元旦午正燒完，才算眞材實料。天地桌前枝長可逾丈，粗過拇指的子午香，一枝接一枝，要點到正月初八順星、撤供桌，才能中止。祖宗神祖喜容前一枝麝臍蘭薰的藏香，更增加了除夕祭祖時莊嚴肅穆的氣氛。此外大雙包小雙包的各種蠟燭，百速錠五封裝十封裝的還有散把兒香若干包，大約酬神祭祖才能夠用。除了藏香要特地跑一躺白塔寺或雍和宮，跟廟裡喇嘛購買外，這些香燭要在祭灶以前跟香蠟舖定妥。否則臨時現買，香不乾、蠟不固，豈不大殺風景；甚至一年之內，遇事都不會順心如意的。

掃房

從前過年掃房也是一件大事。早先老年人避忌太多，過了臘月二十就不准掃房啦，那一天是土王用事，也不能動土啦。所以那一天掃房，要先翻翻玉匣記，官宦人家都有一爲玉匣記，可以自己選擇適當黃道吉日去掃。有些小戶人家自己沒有玉匣記，或者不認識字，那就要麻煩一下附近的油鹽店了。無論那家油鹽店都有一本玉匣記，好像店裡還有一位專管玉匣記的同仁，凡是左鄰右舍來請他選擇吉日，他能毫不猶豫照書上原文背誦如流，選個諸事大吉的好日子。現在玉匣記這本書，已經沒人知道，掃房吉日請教油鹽店，可能更是大家聞所未聞了。

北平為過年清潔大掃除，不要別人來檢查，自己做的就非常徹底。首先要把牆上掛的字畫房鏡，拿到院裡拂拭乾淨。桌几櫥櫃放的古董文玩，以暨一般使用器皿物件，一律拿到院裡該洗的洗，該擦的擦。把整個屋子騰空，一方面用長把雞毛條帚掃房撢塵，一方面用鋸末子（木屑北平叫鋸末子）合水，搜（讀如守）了一遍又一遍，把地掃得一塵不染（北平都是方磚地，很少用地板的）。再把琉璃門窗隔扇，擦得光可鑑人。然後搬出屋外的物件再一一放回原處，才算大功告成。北地冬寒凜冽，滴水成冰，就是用滾水來洗刷，一會兒功夫手指頭仍然凍得紅腫生痛，現在雖然事隔若干年，想起北平過去掃房的滋味，仍覺不寒而慄。

封印

在清代各衙門的公務人員，既無星期例假，又無排日輪休，終歲辛勤。到了臘月二十以後，無論大小衙門，都要封印停止辦公大家才能稍安喘息。在封印期間，有早經用空白公文加蓋「預留公文」小木戳，遇有十萬火急刻不容緩的要件，由負司稟承堂官後，可以權宜行事；等開印後，再補辦公文。大小衙門封印日期，整劃齊一，開印日期一律定爲正月二十。繁忙的機關，過了初五，正月初六雖不開印，遇上緊急要公也自然要先行處理。有些閑散的冷衙門，雖然說是正月二十日正式開印，可是散散懶懶不把正月過完，好像辦公還不能恢復正常呢！封印開印都要香燭供奉，磕頭如儀，燃放鞭炮，以示尊重國家典制。

各衙門的大印，都是官篆直紐，放在木裝印匣裡，封印時要用一塊杏黃或土黃色布，把印匣包起來，打上印結。從前當監印官的人，必須會打印結。所謂印結，繫的時候，有一種特別技巧，看著印結是繫得牢牢的，可是開印時用單手一抖，印結立開，既不准打死扣，更不准用兩手來解。從前官場迷信說，印結繫死扣，不但衙門上下容易發生齟齬，對外行文更多阻礙。新正開印，如果監印官抖得漂亮，一揪就開，拿戶部比較闊的衙門來說，堂官送個十兩、二十兩茶敬是很平常的呢！

筆者服務公職的時候，有一次轉勤交卸，給我監印的是位女性監印官，印結一抖而開，手法非常乾淨俐落，我曾經問過她，何以會這種老古董手法。她說，她的令尊當年在浙江布政司衙門監印，她耳濡目染，自然而然就學會了。可惜當時事忙，沒能向她仔細請教，這種巧妙手法，現在可能已經沒人會繫啦。

買爆竹請蜜供

中國人無論南北各省沒有不喜歡放爆竹的，到了過年，正是普天同慶的好日子，更要大放特放一陣子。除夕祭祖，子正迎灶接神，元旦出行，這三掛長鞭，是必不可少的，而且越長越表示人財兩旺。冀察政務委員會時期，蕭振瀛是炙手可熱的人物，據說民國二十三年元旦出行，他在北兵馬司住宅放了一挂三十萬頭特製長鞭，足足放了半小時，把胡同裡交通都斷絕了，普通最長的鞭是足十萬頭，三十萬頭鞭，自然是特製品啦。過年北平除了東四西單鼓樓前，設有臨時賣花炮的大攤子外，零整批發鞭炮的反而是各大茶葉鋪。茶葉跟鞭炮根本扯不上關係，何以茶葉鋪發售鞭炮呢？筆者曾經問過若干老前輩，誰也說不出所以然來，現在恐怕更沒有人知道啦。

北平的花炮除了當地花炮作坊自製，近處來源是河北省的束鹿，遠則湖南瀏陽，廣東瓊州、雷州、三水。帶響的花炮，有雙響、天地炮、二踢腳、炮打燈、八角子、連陞三級、平地一聲雷、炮打襄陽城等等；不帶響的有太平花、花盆、葡萄架、大金錢小金錢等等。小孩拿在手上放的，有地老鼠、滴滴金、黃煙、洋花等等。最巧妙的是花盒子，層數越多，盒子越大，價錢也最貴，當年城南遊藝園元宵節必定放一次煙火花盒子，以娛嘉賓。最大的盒子圓徑有七八尺，高約兩尺有餘。所有火彩都摺疊好，一層一層放在盒子裡，放起來萬斛繁星，雲煙萬狀。跟現在聯勤製造的高空煙火，巧心妙手，可以說各有千秋。

蜜供也是北平過年必不可少的點綴，天地桌，佛前，竈神前都是必不可少的，除了灶王供祇有三座而且比較矮小點外，其餘都是長近兩尺、五座算一堂的大蜜供。過年處處都要花錢，這三堂蜜供，當然所費不貲。一般有計畫的家庭，可以先到餑餑舖上蜜供會，除夕之前保管一份一份用圓籠挑到家裡來。誰知分期付款的辦法，北平餑餑舖早就行之有素了！

寫春聯買年畫

大人忙年，小孩在書房讀到臘月二十左右，老師分別回家過年，書房私塾也就放年假了。那既無寒訓，又無冬令營這類活動，家長怕孩子們胡吃亂跑，於是給孩子們想出最好的行當，那就是寫春聯。在街頭巷口擺上一張條桌，安置好紙墨筆硯，就可以大寫特寫啦。年輕人好勝，你寫的黑亮光潤，我能眞草隸篆四體皆備；你對聯用的詞句大雅宏達，我一副對聯另送橫批一幀。到了年根兒底下，每人懷裡都揣有幾文墨敬，恰好畫棚子開張，正好三朋四友逛逛棚子，以消永晝。

提起畫棚子賣的年畫，小孩沒有一個不喜歡的，用大張粉簾紙拓印上色。無論大宅小戶都要買幾張點綴年景，不過貼的地方不同，有的貼在起居室臥房，有的貼在門房廚房而已。年畫始於何時，已無可考。當年國際考古家福開森博士搜集明代年畫十多張。國劇大師齊如山先生收藏年畫中，就有康熙乾隆年間產品。同時齊如老鑒於這種鄉土風味極濃的古代民間繪畫藝術，將近失傳，於是跟幾位同好，湊了一筆錢，把楊柳青、戴連增所存能印的底版，各印四五十張，分成若干份，大家保存起來以資留傳，而垂永久。

據說我國出產年畫的地方只有兩處，一是天津附近的楊柳青，一是河北深州的武強縣。楊柳青的畫又叫衛畫，手工細膩，色彩鮮明，售價稍高，只在平津保定一帶行銷。武強的年畫雖然手工稍嫌粗糙，可是鄉土氣息極爲濃郁，遠及西南的昆明各大城鎮，西北迪化附近地區，都有這種年畫在販賣。齊如老說，他在法國巴黎博物院看到中國各式各樣的年畫，有數百張之多。七七事變之前，南滿鐵路的博物館收藏的這種年畫也極豐富，當年跟齊如老一塊收集年畫的有汪申伯先生，據如老在世見告，汪先生早來臺灣，那些年畫可能尚在保存，希望這些與民俗有關，歷史悠久的美術品，能在新年期間展覽一番。讓年輕一代看看早年的民俗畫，是什麼樣子，豈不是很有意義嗎？

拜年

談到拜年，除了小孩喜歡過年拿紅包外，成年人提到拜年，沒有人不頭痛的。北平商家拜年，比較省事，派徒弟們拿著名片各處投遞。各商號門口，都豎立一隻「謹登尊柬」的信筒子，片子往裡一投，就算人到禮數到，一天可以跑個幾十家上百家。一般官民人等可就不同啦，就是交往稀疏，一年見不上一兩次面的遠親故舊，過年一家要去拜拜年，否則不是變成了斷絕往來了嗎？

凡是人家來拜年的都要回拜，門生給老師拜年，老師也要回賀，否則就算失禮。好在北平的規矩，除非至親好友可以到門不遞名片，逕自登堂入室外，凡是遞名片拜年者，一律擋駕不往裡請。在民國初年拜年，仍然多用騾車代步。坐在車裡連車簾都不撩開，將名片交給趕車的，他喊聲回事，門房有人出來迎接。車夫高舉名片，說拜年道新禧，門房接過名片也高舉，回說勞步擋駕不敢當，就算禮成。

北平城裡城外地方遼闊，騾車走得又慢，從初一到初五要拜幾百家的年，要不是望門投帖，這個年豈不是要拜到元宵節嗎？因為這種投帖式拜年，完全是種形式。凡是交遊素廣的人，想出了取巧辦法，開張清單交給子弟近親代為投片拜年，反正不往家裡請，彼此心照，永遠也不會穿幫的。有的人自己沒有車，各大街都有停放拉買賣的騾車的地方叫「車口」，可到那兒去雇。講好了價錢之後，另外有兩件事情也要先行講妥，一是趕車的戴官帽（紅纓帽）要加多少錢，遞片子又要加多少錢。因為趕車的不戴官帽彼此之間是買賣生意，一戴官帽，就有主僕之分了，所以得多加錢；代遞名片可以使坐車的免去上下車之勞，並且免去跟門房說若干廢話，自然要多加點錢了。這些都是故都昔年舊事，現在說出來不是十分可笑嗎？

辭歲

從前古板人家，辭歲比拜年還重要。除夕請出喜容懸掛起來上供，算是給祖宗辭歲，然後長幼依序給輩份高年紀大的長輩磕頭辭歲。凡是未婚少年男女，都有壓歲錢可拿。給紅包都是堂客們的事，官客只有姑老爺舅老爺給紅包，因爲他們是近親，而又穿堂入室，所以才封紅包給壓歲錢。不像後來爭奢鬥靡，不論男女長幼紅包滿天飛，讓一般拘於舊禮法的人家相形見絀，難於適應了。

清朝宮廷中，對於辭歲也非常重視。每年歲除，太陽一偏西，所有近支王公，勳戚寵臣，都要進宮辭歲。各宮也都準備好賞人的小荷包，花色有繡花、千金、緯絲、穿珠、羅紈絺繡，爭奇鬥巧，全是宮娥們精心之作。荷包裡有金銀小元寶、錢、錠、如意，都不過黃豆大小，可是彫文刻鏤，技巧橫出，得之者無不視同珍異。（袁世凱洪憲時期，曾經讓他的總管郭寶臣督造一批洪憲瓷，並仿照清廷原祿，定鑄一批金批錁子，後來都被收藏家以重價搜求。洪憲瓷因爲數量多，市面上還偶或發現，至於那批小錁子，還沒來得及賞人，就被他左右瓜分了。）大內辭歲，最遲日落之前一律離開宮禁。因爲皇家知道，除夕家家都要祭祖，祭完祖才能闔家吃團圓飯，交了子正就不能再吃團圓飯了。除了特殊情形，宮裡絕不會留臣下們一同在宮中守歲的。

北平是元明清三代國都，過年的民俗，一時也寫之不盡。以上寫的是一些比較老的年景，聊供大家回味一下故都當年過年的情調吧！

猜燈謎、拜三公

獻金百萬，買燈兩夜，「五夜燈」由此而來

元宵節在我國歲時令節中，元宵節中秋節是最富詩情畫意的序令。夷考文獻資料，元宵節導源於道家祭祀天、地、水，三界尊神，又叫拜三公，也就是祇奉三官大帝，時下臺灣各大廟宇三官大帝塑像，冕旒黼黻，執圭，完全是兩漢以前帝王服飾，可資明證。

唐代定制，以正月十五日爲上元，七月十五日爲中元，十月十五日爲下元，上祀天官（民間以堯帝至仁尊爲天官，也就是天官賜福所由來），中元祀地官，下元祀水官，每逢這三個節日，無論大陸各省以及臺灣各大道觀，全眞羽士唪經，都以三界經爲主，更可以證明古代文獻記載，是其源有自的了。

照漢書記載，上元行樂景象來看，西漢時代的上元燈節，已經相當熱鬧。依據唐書宋史以及明清歷代典籍記述，上元花燈始於西漢，盛於唐宋，其後由於朝代之興替盛衰，雖有繁簡，然而習俗相傳，延續了兩千多年，始終沒有間斷的。

上元燈期，歷代不同，民間慶節，習俗各異。唐朝燈期原為正月十四到十六日，到了明皇開元，改為十五日到十七日，前後燈期雖有變動，時限則仍為三天。宋代燈期，原本也是十四日到十六日三天舉行，照宋書記載：「太平興國中，錢吳越王來朝京師，值上元節，獻金百萬，乞更買燈兩夜。」從此燈期前後各增一天，改為十四至十八日，因為花燈有五夜可看，當時人稱「五夜燈」。金元入主中原，因為習俗迥異，上元燈節，官家興趣缺缺，民間也就平平淡淡過去。直到明初，上元燈火，才復舊觀，當時初承大統天下昇平，燈期越拖越長，到武宗正德，燈期從正月初八到十七日整整要鬧上十天。到了清朝順治御極，鑒於這種爭奢鬥侈，狂歡縱慾，上下交困，又逐漸恢復為五夜燈，不過民間狃於積習，除夕守歲已經開始張燈，到正月十八日正式落燈，算起來前後燈期，也就接近二十天了。

民間慶節，各地習俗不同，燈期也就長短不一，黃河流域一些通都大邑，率多奉行五夜燈，十三「上燈」，十四「試燈」，十五「正燈」，十六「殘燈」，十七「落燈」。江南各地燈期大都是十四日至十六日三天，也有延長到正月二十二日的。在早年承平時期，燈期長的有湖南長沙，長沙的燈會，雖然祇有五天，可是舞龍從初五舞到十五吃完正燈的午夜犒勞才能收歇。四川萬縣雖然沒有舞龍，可是燈會帶猜燈謎，從初六到十六，也要熱鬧上十多天，甚至要官府明令取締，才肯偃鑼息鼓。江蘇丹徒是等大家忙完拜年，從正月十一日到二十這十天裡才狂歡讌樂共鬧元宵。福建的福州，浙江的建德都是從正月十一鬧到二十二日，一共是十三天，算是燈期最長的兩個地方啦。以上所談的都是清末民初各地鬧元宵的盛況，到了抗戰勝利之後中國從農業社會逐漸步入工業社會階段，各地慶元宵鬧花燈的日期大家都先後改爲正月十五日所謂「正燈」當晚，大家熱鬧通宵，到了第二天，也就各回崗位，恢復正常工作了。

擺下「臨光宴」，共譜夜光曲，撒下滿天花雨般的荔枝乾

「漢」正月十五日上元，古稱元夜，又叫燈節，俗稱元宵節。至於元宵張燈，可以上溯到漢代，西京雜記說：「元夕燃九華燈，照見千里，西都京城街衢，正月十五夜，敕許金吾弛禁，前後各一日，謂之放夜。」

「隋」元宵花燈，雖起源於漢代祀典，但漢代以後，魏晉南北朝，上元張燈的習俗，還不十分普遍，到了隋煬帝，他是歷代最會侈然自肆的皇帝，奇怪的是在典籍上，查不出有什麼關於春燈的記載，祇是御史柳彧有禁止元宵賞燈奏章云：「竊見京邑，爰及外

州，每以正月望日，充街塞陌，戲聚朋遊，鳴鼓聒天，燎炬照地，竭資破產，競此一時無問貴賤，男女混雜，緇素不分，穢行由此而成，盜賊由斯而起，無益於化，有損於民，請頒令天下，並即禁斷……。」此一奏章，雖經隋文帝批准，亦僅禁於一時，此外在隋煬帝一首元夕於通衢建燈，夜升南樓觀燈的詩，說明當時，又是通衢張燈開城不夜，供人觀賞了。

「唐」代上元，非但官家大事鋪張，並且開市燃燈，與民同樂，永爲定制。從武則天臨朝當政，權相趙州蘇味道一首五律元宵花燈盛況，可以窺見一斑。蘇詩：「火樹銀花合，星橋鐵鎖開。暗塵隨馬去，明月逐人來。遊妓皆穠李，行歌盡落梅，金吾不禁夜，玉漏莫相催。」及至禪位中宗，中宗不但自己微服出宮觀燈不算，甚至還帶了皇后妃嬪，出宮看燈，逛累了就在勳戚近臣家裡歇宿，凡是在宮中操作勤奮的宮娥綵女，並准上元之夜，相攜出宮遊樂，以示勉勵，眞正做到普天同慶，舉國歡騰的境界。嗣後，睿宗繼位，儘管他在位時間短暫，可是上元張燈，確十分火熾熱鬧，他在福安門外，搭建了一座精巧絢麗的燈輪，高有二十餘丈，金鏤翠羽，明燈萬斛，瑤林瓊樹，閎綵奪目，長安仕女，傾城而來，裙屐如雲，人影衣香，嘆爲觀止。

唐玄宗在位初年，正是國勢盛張，富強康樂階段，明皇又是耽於逸樂的風流天子，當然上元張燈，更要超軼前朝，奇矞瓊麗了。他在長春殿擺設「臨光宴」款讌耆舊近臣，讓大家欣賞別具匠心的白鷺轉花，黃龍吐水，金鳧銀燕，九芝獻瑞，浮光洞，攢星閣，縹緲台，騰波嶼各種千變萬幻的燈彩，宴罷奏他跟梨園子弟共譜新聲的夜光曲，撒下滿天花雨般的嶺南荔枝乾，讓宮人們墮髻牽裳去妳爭我奪，一片柳蟬鶯嬌旖旎風光，然後分別賞給紅圈帔，綠暈衫以爲笑樂。

北宋燈燭媲美盛唐，而且可以用機械來操作

上陽宮結紮燈樓三十餘間，樓高一百五十餘丈，徵召民間巧手燈匠「毛順」紮成龍鳳虎豹各型花燈，銜珠顧尾，騰踔奮翼，各極其狀，其中並雜以玉箔玎璫，微風過處清韻鏘鏘，人間天上，可算冠絕古今。凡事都是上有好者，下必有甚焉，國舅楊國忠也是窮奢極慾，不甘後人奸宄之徒，上元之夜，在府邸的房廊丹階，遍插紅燭，飛光射壁，令人目眩，大家稱之爲「千炬圍」。韓國夫人也不示弱，做了一百多株枝繁葉茂的燈樹，每株有數十丈高，豎立在高山之上，元夜點燃起來，大月高懸，繁星無量，燭照四野，比起美國白宮新年的聖誕樹，雄偉壯麗衹有過之，而無不及。

「北宋」時代燈燭之盛，不但媲美盛唐而且窮巧極工，甚且更邁前朝，汴京皇城前興建「棘垣燈山」。所謂棘垣，乃是編紮帶刺荆棘爲範圍，有類現代鐵絲網，限制閒人亂闖，垣內燈山，飾以木彫仙佛車馬人物圖像，摻雜迷離耀眼的燈彩，御街兩側，飛丸、

走索、吞火、擲劍，歌舞雜陳，車駕巡行，百樂皆作，競奏新聲，御駕乘平頭輦穿山燈樓，御座左右朶樓，各排燈球一枚，方圓丈餘，內燃如椽巨燭，照耀樓台，恍如白晝。中廳用藜蒲細草，編成巨龍，披錦染金，障以輕紗薄幕，飛揚蹀耀，煙雲萬狀，兩側文殊普賢寶相莊嚴，跨青獅、御白象，指掌伸屈，甘泉遍灑，足證早在北宋時期，就有人發明花燈用機械來操作了。

「南宋」雖然局處臨安，偏安江左，可是元宵燈彩，比起北宋時期，毫無遜色，從「棘垣燈山」已進步爲鰲山大觀。根據乾淳歲時記上說：「元夕二鼓，帝乘小輦駕幸宣德山看鰲山，內侍推車倒行，以利觀賞。山燈凡千數百種，華縟新巧，正中以玉箔金珠簇成『皇帝萬歲』四大字，山上伶官奏樂，山下大露台百藝群工，競呈奇技繚繞於燈月之下。禁中更有琉璃燈山，其高五丈，爨演雜劇，戲文中人物，皆用機關操縱，此進彼出，川流遊走。另於殿堂樑棟戶牖間，闢爲涌壁，作諸色故事，龍鳳噴水，蜿蜒如生，遂爲諸燈之冠。前後設玉幄簾，寶光花彰不可正視，宮漏既深，始燃放煙火……」照當時南宋跟金人隔江對峙，國勢已危如覆巢纍卵，君臣仍舊醉生夢死粉飾昇平，國家焉得不亡。

孕育當年孔明八陣圖奧秘的「黃河九曲燈」

「明」元人入主中原，風土習俗，與中土有異，元宵花燈，冷淡了近百年光景，自從朱明肇興，定鼎金陵，又復重視花燈，而且把燈期延長，範圍擴大，從陸地伸展到水上。帝京景物略說：「明太祖初建南都，爲綵樓招徠天下富商，放燈十日，起於初八至十三而盛，迄十七而罷。洪武五年上元，敕近臣於秦淮河燃水燈萬盞，十五夜竣事。」使秦淮河上風光，爲之增色不少。有人說：「後來七月三十日地藏王菩薩聖誕燃放河燈，便是從明代水燈演變而成的。」

皇帝喜愛觀燈，民間如響斯應，鄉鎮農村也都盛張燈綵，於是陌頭隴上，出現了黃河九曲燈，正月十一日至十六日，鄉村好弄少年們，在隴畝間，縛秫稭作柵，遍懸各式花燈，柵內紆迴曲折，千門百戶，廣袤達三四里，入者誤不得徑，即久迷不出，以爲笑樂。黃晦聞先生說：「他幼年在外家過年，他的小舅舅帶他遊過一次，鄉間的『燈帷子』，進去之後，周迴屈曲，燈火明滅，如入幻境，據說就是明代流傳下來的九曲黃河燈陣，其中孕育有當年諸葛孔明八陣圖的奇門奧妙，所以一入其中，就讓幻覺給迷惑了。」

「清」代努爾哈赤在稱霸遼東時候，在轄內東北各地每逢元宵節，也很熱鬧，從正月十三日到十七日軍民同歡，通衢大道，燈光星佈皎如白晝，車馬塞途，幾無寸隙，茶樓則低唱高歌，酒肆則飛觴醉月，笛簫鼓樂，喝采歡呼，月色燈光，不覺其夜。

清代宮廷的「轉龍燈」既與宋代之燈影草龍有異，跟現代的舞龍也不相同。清朝每於元宵燈節，在宮廷置酒高會，賜宴外藩，一方面大放煙火，一方面展開龍轉燈，一隻燈隊多達千人，每人手舉一支竹製丁字尺型燈架，架上各掛兩盞紅燈，蜿蜒舞動，時變隊形，在黑夜裡，雖有月光，不見人影，宮裡南北長巷平坦廣袤，舞動起來，祇見紅燈上下浮動矯若遊龍，至爲壯觀，他們變幻花式甚多，一面唱歌，一面飛舞，最後將紅燈排成「天子萬年」或「太平萬歲」作結束。後來富連成科班排演薛剛鬧花燈，就由內監高四指點，加入這項燈，因爲舞台面小，五六十個小孩在台上排燈，未免礙手礙腳，可是一般觀衆，已經覺得燦爛新奇了。

阿四頭的「爬拜香」、「倒馬桶」，神態逼眞，令人發噱

上元張燈既由官家率先倡導，民間花燈自然各運巧思，爭強鬥勝，蘇州的走馬燈，用粉連紙或細絲絹糊製多角式燈籠，中插明燭，四周把繪製的戲劇人物，用鐵絲穿在輪軸上，火氣吹動輪軸此出彼進，運轉不息。有一個裱糊匠叫阿四頭的，心靈手巧，做的戲齣怕婆頂燈，背凳，爬拜香，三百六十行的揑腳、耵耳、倒馬桶，神態逼眞，令人發噱。此外尚有琉璃球、雲母屏、水晶簾、萬眼羅、翠虬絳螭，色兼列綵，令人嘆爲觀

止。

廣東元宵燈的華麗，更是早已馳譽全國。廣州的走馬燈，固然糊得細膩工緻，跟蘇州的一時瑜亮，難分軒輊。就是佛山的秋色燈，大良的金魚燈，潮州的錦屛燈，也都巧奪天工，各具特色。秋山燈有所謂針口燈，是用薄紙板糊成各式燈型，用粗細不等銀針，戳出小孔，映出人物翎毛花卉詩詞聯語，有的製成燈虎，射中有獎，錦心妙手，玲瓏剔透，悉出璇閨雅製，甚且有些仕女，因打燈虎而締結良緣的，給燈上元令節，平添不少佳話。大良魚，是用竹篾錦絹裱糊而成，魚鱗是用明決一片一片黏上去的，當地有個風氣，看魚燈要數一數鱗片多寡，要生動逼眞，才能許爲上品。

湖州錦屛燈是以桂竹爲屛架，鐵絲來支撐，飾以緹繡彩緞裝點全是粵劇生旦淨末丑人物，宮裡襟袖，赤幘戎冠，製作之精，無與倫比，當年平劇名伶馬連良唱甘露寺喬玄的香色蟒，據他自己說，就是從潮州錦屛人物服飾的色彩學來的呢！

北平是三代皇都，元宵花燈自然也特別考究，而且有的地方特別新穎別致，例如薑店的冰燈，城隍廟的火判，一個冰清玉潔，一個煦照熊熊，都是別處做不出來，看不到的。當年城南遊藝園舉行元宵花燈大會，經理彭秀康特出重金請廊房二條燈舖的巧手工匠，照三國演義的回目，繪製了一套工筆人物的紗燈，元宵那天，大家都擁到城南遊藝園看燈，第二天清潔工人，在園裡清掃出兩羅筐繡縧革履，盛況如何，概可想見。後來執綢緞界牛耳的八大祥，每家訂製了一套工筆人物紗燈，包括了六才子、公案書、英雄傳，廊房二條的燈舖都發了點小財，而有些年輕畫工，畫工筆人物有前途，另行投師學畫，後來在北平畫壇上很有幾位成了畫壇上工筆仕女、仙女樓閣高手，連他們自己，也非始料所及呢！

臺灣上元鬧花燈的習俗，跟大陸完全一樣，臺北萬華的龍山寺、青山宮、新竹的城隍廟、北港的媽祖廟，每年都有新奇花燈展出。近年來臺灣花燈已經從精細手工藝步入電動機械化，有位對製作花燈有興趣的王斌獅先生，他的作品，曾被觀光局選送國外展覽，現在已成爲花燈製作專家。現在各地花燈採擷的題材，從中國固有的四維八德，進而表現了軍民合作，社會繁榮實況，無形中激勵國人發憤圖強，自助而後人助精神，發揮了社教最大功能，不像以前朝代元宵觀燈完全是逸樂享受了。

民初黑龍潭求雨憶往

翻開中華民國六十九年曆書，歲次庚申是十龍治水，根據老一輩人的經驗，「龍多四靠」，必定是個旱年。不管這個說法是迷信說法，還是經驗累積，可是這一年夏季，果然是雨稀雲薄，梅雨時期不霉不雨，整天驕陽灼膚，全臺灣南北各地水庫，用水量增多，蒸發量加速，蓄水日漸枯竭，甚至乾涸見底，自來水公司爲了節約水源，從三日一停水，縮短爲隔日一停水，並且把民間四百九十七口深水井一律開放，以應急需，幸虧「諾克斯」、「珀西」兩個颱風相繼而來，這令人可怕的乾旱現象，才宣告解除。

古代久旱不雨，天子親率百官，郊天求雨，盼望早降甘霖，這本是民智未開時代一種迷信舉動，想不到民國肇建之後，又重新上演了一次，舍親王嵩儒亦曾親與其事，事後他把這件事當說故事講給我們聽，所以到現在還記得很清楚。他說：「馮華甫（國璋）任大總統時期，有一年從立夏到處暑一百多天之中，華北平津一帶滴雨未下，連井水都乾枯了。當年還沒有電冰箱，一般人想吃點冷藏的水果，祇有用竹筐篾籃把瓜果繫到井裡去鎮涼，可是井水一乾，連冰鎮的西瓜香瓜也沒得吃了。北平東西南北城本來各有一處藏冰的冰窖，以十剎海的冰窖土厚冰堅，儲量最多，規模最大，可是那一年夏天驕陽熇熇，培土都被晒透，冬季堆藏整方的天然冰，紛紛自動溶解，一般賣冷飲的小販，祇好捨棄賣冷飲，改操別業。最慘的是一些飯莊酒肆，凡是離不開冰的魚蝦鱗介，簡直無法儲藏，有些飯莊雖不收歇，索性藉口暑季修理爐灶，也暫停營業。

市面謠諑繁興，有人說這都是上一年馮大總統把中南海的水全部漉乾，竭澤而漁，激怒了護海龍王，因此多日不雨以示警懲。這種謠言不久傳到馮大總統耳朵裡去，他雖不盡信，但內心也爲之怵惕難安。那時北洋政府又正在鬧窮，他知道從元明以迄遜清，每逢帝后萬壽或是皇儲公主誕生舉行祝壽湯餅慶典時，都要買上若干各種魚類分別掛上龍紋鳳綵大小赤金牌子，送到西海子太液池（中南海）放生，歷代累積，繫有金牌的魚類，當然爲數不少，於是跟德國一家漁撈公司簽訂和約，委託打撈，政府的財源固然涸轍稍蘇，而馮大總統自然也稍沾餘潤。可是這種風言風語，經報章雜誌那麼一渲染，加上各地報荒旱請救濟的官文書源源而來，當然也有點沉不住氣，忐忑不安起來。

政事堂有一位右丞向大總統獻議，明清兩代每逢旱魃爲虐，就請個鐵牌到京西黑龍潭求雨，現在雖不應迷信神權，可是求雨之後，碰巧甘霖沛降，也可稍慰群衆延頸舉趾喁喁之望。這個建議雖獲採納，可是以堂堂元首之尊，居然如此迷信神權，未免有些躊躇起來，最後想出個兩全之策，於是以循各地農民陳情，俯順輿情爲由，皇皇功令特派農商總長前往黑龍潭求雨。等公文送達農商部，偏偏當時農商總長是位維新人物，不信神權，可是府令難違，由部指派技監朱晉（子明）代表與祭，朱是清末東陵種樹大臣梁鼎芬的高徒，而且對明清兩代祀典禮儀研究有素，這一指派，可以說派得其人。

朱祭後談說：『求雨鐵牌是江西龍虎山第四十二代乾坤太乙眞人張天師在元代求雨留下來的，一直供奉在大光明殿（明朝萬壽宮成祖的潛邸），嘉靖後改名大光明殿，成爲專門設醮祈雨降福消災的道場，所有籙壇法器，幢旛帷幔，星羽輝煌，冠笏焜耀，肅穆壯觀。不幸咸豐末年，戶部一場大火，燃燒了三天三夜，把戶籍檔案全部燒光，多虧一場豪雨，才把大火撲滅，有人建議把龍虎山求雨鐵牌請來鎮壓，於是張天師鐵牌就移駕戶部供奉起來了。民國肇建舊戶部衙門，劃歸財政部所屬各財稅機關辦公，供奉鐵牌的小院，劃歸煤類特稅局轄內，門扉深扃，積塵盈寸，已經鮮爲人知。既然要到黑龍潭求雨，必須找到鐵牌，護送到潭邊祇祭，經多方察訪，才把鐵牌請出，由綵亭供奉，鼓樂引導逕去黑龍潭。潭在西直門外三十餘里冷泉村之北畫眉山上，潭址廣袤七八十公尺，據說金代婦女拿潭邊石頭紫黛青螺當畫眉筆使用，所以一泓潭水，看起來也是黑黯黯的。又說潭內潛藏著一條黑色巨龍，所以更增加了幾分神秘恐怖之感，因爲黑龍潭的水從未乾涸過，也從未氾濫過，所以在西北山坡上蓋了一座龍王廟，殿宇依山勢高低而建，廊腰迴曼，脩柯戛雲。故都專供龍王的廟宇極少，除了中南海的萬善殿，就是頤和園的龍王堂，而且供的都是龍王神主，祇有黑龍潭的龍王廟是塑像，銅冠緋氅，比南方龍王廟採用冕旒執圭，還要顯得神武奇偉。早年廟裡還有個廟祝叫高門斗，後來因爲民初破除迷信，沒了香火，他也就另謀生計，這次黑龍潭求雨，他居然趕回來應差，高門斗說：光緒二十二年曾經有過一次求雨祭典，一晃兒又是好幾十年的事了，他聽老輩人說，明朝的嚴分宜（嵩）在明世宗時，曾奉派到黑龍潭求雨，將鐵牌供在潭邊拈香祝禱後，忽然一陣怪風吹落潭心，潭黑如墨，雖出重金，誰也不敢入潭撈取，現在這塊龍象飛白的鐵牌，已經不是天師府的故物了。在清朝戴梓（文開）耕煙隨筆中，有一則說到嚴嵩求雨鐵牌墜落潭內，現有鐵牌已非原物的記載，高門斗的話，倒也並非毫無根據的信口雌黃呢。』這次祭潭求雨之後，過沒幾天，果然下了一場盈疇遍野的大雨，旱象昭蘇，總算雨沒白求。」這段故事說來已是半世紀以前的事了。

筆者在抗戰之前去湖南醴陵，又趕上一檔子一檔子求雨趣劇。那年當地大旱，大家把泥塑龍王神像，從廟裡抬出來滿街遊走，一面走一面往龍王身上潑涼水，一群小孩頭戴柳樹枝編的帽圈，敲鑼打鼓，在前引導，後面跟著若干佛婆手裡都拿著香，嘴裡唸唸有詞，也不知道她們唸的什麼經讖，跟人打聽才知是求雨的行列。

張辮帥與褚三雙

當年趙爾巽收伏張作霖，張勳收伏褚玉璞，張褚二人都由匪而官，在北洋時期，都成了威名赫赫，舉足輕重的大軍閥，世人對趙次帥智擒張雨亭的故事，知者較多，對於張辮帥納降褚三雙的經過，就不大清楚了。

民國初年，二次討袁革命軍失敗，北洋大軍攻陷南京，論功行賞，張勳應列首功，袁項城爲了羈縻辮帥以示酬庸，特任張勳爲江蘇省大都督。張到任之後，首先通令江蘇全省轄下兵弁，一律蓄髮留辮，一切恢復滿淸舊制。他的軍紀又差，弄得民怨沸騰，江蘇老百姓咬牙切齒，可是誰都敢怒而不敢言。碰巧有一天他的親兵在外滋事，抓著一個日本商人，竟當成無辜的老百姓，當場毆斃，因而引起駐南京各國領事館的憤怒，聯名向北洋政府提出立即撤換張勳的抗議。

袁項城正在對張辮帥在南京的罔顧大體，胡作非爲無計可施，於是派阮斗瞻、楊雲史兩位辯才無礙的親信，到南京勸駕。最後答應發表他爲長江巡閱使，他總覺得江蘇都督不夠威風，早想過一過南洋大臣的官癮。長江巡閱使，不就是前清的南洋大臣嗎？於是欣然離開南京，一馬來到徐州巡閱使署履新。他一到任，就在門前豎起一對大旗桿赤帘飛焰，中間繡個斗大「張」字，外出拜客坐官轎，鳴鑼開道，遞手本，晨參跪拜，除了文官不頂翎輝煌，武官不跨刀站班外，幾乎滿清官儀又全部出籠。好在徐州非比白下，華洋雜處，由他愛那麼折騰就那麼折騰吧！

其實在北洋時代，軍閥割據，各自分疆而治，長江巡閱使所轄不過是淮海部份地區，他對庶政興革一概不理，祇知擺擺官架子，顯顯臭排場。有一天忽然心血來潮想起蘇北、魯南比鄰接壤，平素附庸風雅，自命孔氏信徒，曲阜近在咫尺，巡閱使豈能不親謁聖墓，以示尊崇。於是電令曲阜縣知事妥爲籌備，一切悉遵古制。張大帥駕臨曲阜謁廟的穿著，是麒麟黼服，金線盤繡蟒袍，頭帶珊瑚頂子雙眼花翎官帽，足登粉底黑綢子朝靴，儼然是滿清提督軍門一品武職打扮，到櫺星門下馬，駐足更衣廳另換仙鶴黼掛，織棉海水襯袍，朱纓紅頂，又變了清朝一品文官大員。

民國初年，維新激進之士，正提倡打倒孔家店，曲阜孔廟自然寂靜落寞，忽然有大隊兵弁擁簇著辮帥的虎駕光臨，謁廟儀式又悉遵古制，孔子第七十六代裔孫，衍聖公是孔令貽，將辮帥迎入衍聖公府設宴款待。賢主嘉賓，相見恨晚，從此訂交，遍覽聖蹟，並謁四配享廟，若不是徐州有要公待理，張辮帥恐怕還要多住些時，才能返旆。

辮帥回到徐州，他的寵妾周素雯忽然得了精神恍惚心思不寧怪症。衍聖公知道後，介紹了一位曲阜儒醫趙廷玉來給如夫人醫病，居然藥到病除，著手回春。從此趙廷玉就留在徐州，延爲巡閱使署上賓，並且入參密勿，言聽計從，成了大帥身邊第一號紅人。

山東沂蒙山區，歷來就是殺人越貨土匪的大本營，早年轟動中外孫美瑤臨城大劫案，就發生在這個山區抱犢崮一帶，褚玉璞是一個汶上縣的無賴，終年遊蕩不務正業，足跡遍及魯南山區僻壤，整天跟一些地痞流氓，鼠竊土匪，接納往還。他除了目不識丁外，爲人驃悍狡詐，反覆無常，而且機詐百出，所以頗受一般土匪的擁戴，也就是他後來嘯聚山林，拉大幫（當土匪）的基本條件。

張勳的巡閱使署設在徐州城內，臥榻之側豈容悍匪橫行坐大？同時褚玉璞擁有不少人槍，於是他採用剿撫兼施的策略，一面招安勸降，暗中可以擴充自己的實力，同時在老袁面前，又顯示個人的威望。在褚玉璞這方面，也覺得嚮馬生活，終非長久之計，也想率衆投降，換取青紫。不過又怕政府不守信譽，繳械之後翻臉殺降，必須獲得十分安全保障，才敢接受招安。他的小頭目裡有個叫王冠三的向褚氏報告：「我有一位表親趙廷玉，被聖人府介給張大帥的如夫人治好了病症，現在是巡閱使跟前的大紅人，找他淌淌路子，可能有辦法。」經過王冠三的牽線，辮帥也派趙廷玉上山勘查虛實後，趙就帶了褚玉璞來到徐州，謁見辮帥。

可是拿什麼東西做著晉見贄敬呢！趙王兩人主張名將愛馬，辮帥又有兩口嗜好，不如把褚常騎的回頭望月寶馬赤銀鬃，跟心愛的翡翠煙槍，一併呈獻給大帥，以示崇敬。那知褚玉璞說：「我一共有三條命根子，一下子就送去兩條，不幹不幹。」後來幾經商榷，決定忍痛割愛翡翠煙槍做爲見面禮呈獻給辮帥。

提起這枝煙槍，據一般有資格的老槍階級人們品評，這枝翡翠槍跟蕭耀南的九瘿十八瘤的竹根槍，都是煙槍中的瓌寶。相傳這枝槍是河南劉相國（果）遺留下來的，翠嘴玉尾，犀角桿，斗座是金鏤珠嵌鑲成，煙斗的構形，更是有同鬼斧神工，兩個前頭穿過綠荷葉，並蒂齊開粉紅瓣，雙雙露出茶晶色蓮蓬，雕琢成了煙斗，因此叫做「翡翠並蒂蓮蓬斗」。

這枝槍斗除了矞奇華麗外，煙桿係整支犀角包成，清涼通暢，用這枝槍抽大煙，既不糊斗，又不截火，抽煙人十之八九大便乾燥，用此槍能使人不致有便秘的痛苦。煙斗雖由玉工初雕，可是套斗裡外角度稜牙，都由安徽壽州製斗名家孫寡婦親手修改糾正，所以吸起來煙膏不糊斗，抽完十筒八筒，斗門仍舊是乾淨通暢。套斗抽起煙來，本來有響聲，這支斗由老槍抽起來，音響抑揚頓挫，有如樂奏鈞天，張辮帥雖然搜藏不少名槍名斗，可是像這樣稀世之珍幾曾見過，自然是喜出望外，欣然賞收。等到趙廷玉帶領褚玉璞轅門候見，青衣小帽，辮子垂肩，手捧手本名册禮單，見了辮帥，雙膝跪倒，口稱：「啓稟大帥，罪民褚玉璞投降來遲，敬請恕罪。」

這些言詞自然是有高明人士，事先加以安排指點，所以進退對答，處處表現純樸著實毫不失儀。問他部衆嘯聚情形，糧秣馬匹數量，也都毫不隱瞞據實稟明。大帥問他有什麼特長，褚說：「因為我一能雙手放盒子炮，百發百中；二能耍起雙刀滴水不入；三能用並蒂蓮蓬斗，兩口大煙一齊吸下，能吹出衝鋒號音調。」辮帥為證實他的特長，要當衆加以考驗。在大操場按遠、中、近距離，設下三處靶子，褚玉璞雙手雙槍不用瞄準，隨手扳機，無論單發、雙發、連發，槍槍中的，把個辮帥看得目瞪口呆。再看刀法進退急徐，縱躍如飛，刀光閃閃一團銀光人刀不分，辮帥越發驚為奇才。最後表演雙斗煙槍吹奏衝鋒號，在大師面前不敢臥倒抽煙，大帥認為這是考試，無需拘禮。褚玉璞奉命之後，於是就在大帥煙榻之上臥倒，自己打成拇指般大小煙泡，對準霞光瑩琇的高罩太古燈，就嗚嘟嗚嘟吹起衝鋒號來。這下子，把個張辮帥樂得前仰後合，認為褚三雙不但名實相副，而且認為不世奇才，若是收歸己用，蘇魯邊區可保無虞，將來皇清能夠有一天復辟，這員驍將，必能深資臂助。於是破格委充第二十七旅旅長，負責沂蒙山區清剿事宜。

褚的部衆雖然整編為正式軍隊，可是那些烏合之衆，一向自由放蕩慣了，野馬騾套韁繩，既未受過正規訓練，更不懂什麼是軍規風紀，每月所領有限餉銀，如何能讓這般目無法紀的丘八們黑飯白飯兩具無缺，天長日久實在按捺不住，自然故態復萌，又成群結夥，偷偷摸摸幹起沒本兒勾當來。紙包不住火，久而久之終於被人發現，詳詳細細向辮帥遞了一份稟帖，同時沂蒙山區旅京鄉紳，也有一份狀子告到總統府，袁氏認爲亦官亦匪，太不像話，於是嚴令辮帥實據查報，務獲究辦。

此刻辮帥對於褚玉璞由寵而厭，由厭而惱，可是深知褚奸狡反覆，從嚴查辦，深怕褚鋌而走險，又率衆入山；從輕處分，不但愧對蘇魯受害的黎民百姓，而且公事上對中央也無法交代。於是函電交馳，甚至親自電話褚玉璞星夜來徐，協商要公，褚知道大事不妙，始終唯唯諾諾，遲遲其行。等到緹騎火籤到達，褚玉璞早已騎了他那匹龍頸鳳尾回頭望月的名駒，晝夜鑽行，不到三天已從魯南到了芝罘。他在海邊找到了一艘巨型駁船，雙方打過暗號，知道是自己人，於是急忙揚帆出海，順著海岸線直駛大連。敢情這隻船就是褚玉璞設下的暗樁，他早就料到招安之後，萬一出了差錯，這是他唯一求生之路。由此可見褚玉璞雖然是一老粗，可是他深謀遠慮，就非一般人所能企及的了。

褚玉璞逃亡關外，主要是投靠當年義結金蘭，同參弟兄大哥張宗昌，那時候張宗昌在張雨帥麾下紅得發紫，既是寵臣，又是驍將。張作霖對褚的所作所爲，早已瞭如指掌，當時就委派爲混成旅旅長，後來成爲奉軍入關後直魯聯軍的基本幹部，褚深感二張知遇提拔，從此洗心革面，夙興夜寐，整軍經武，把他這一旅訓練得紀律嚴明，勇冠三軍，最難得的是毅然把鴉片煙徹底戒掉，誓不再吹衝鋒號，從此褚三雙的綽號，變成「褚二雙」了。

直奉之戰，關外大軍長驅直入，關外王氣勢凌人，儼然成了中原盟主，論功行賞，張宗昌、褚玉璞應居首功，於是直魯兩省省長兼軍務督辦，捨褚張莫屬。褚坐上直隸軍務督辦兼省長寶座，飲水思源，時刻難忘提拔他發跡的大恩人趙廷玉、王冠三兩人。王冠三追隨自己多年，大字不識，倒好安揷；趙廷玉腦筋靈敏，在褚的心目中，趙是羽扇綸巾，是十足諸葛亮角色，而且當年又有過「褚若做了大總統，他非二總統不幹」的話，雖然是句戲言，可是他志不在小。碰巧大元帥張作霖通令所轄各省，軍政分治，督辦爲軍，省長主政，直隸省長一缺，正好保舉趙廷玉出任。

可是褚玉璞自從棄職潛逃，遠走關外，趙是褚的薦舉人，怕受牽累，改名換姓，躲在平津賣卜爲生，到了張辮帥復辟失敗，趙廷玉才又回到曲阜南門外，重理舊業，給人算流年批八字，韜光養晦起來。有一天忽然縣署公差來找，不問靑紅皀白急急風拉了就走。他心裡正在嘀咕不知又犯了什麼官是官非，那知一進縣署，縣太爺降階相迎，說明是奉山東張督辦電諭的，速尋找趙廷玉，速來保定，就任直隸省長。

至於王冠三找遍了山東全省各縣，好不容易才在荷澤縣找到王冠三。他年老多病，已經淪爲乞丐，縣裡把他送到天津跟緒見面，兩人抱頭痛哭，立刻派他爲省公署不辦公的秘書長，並且配給自用人力車一輛。王秘書長雖然不到署辦公，可是機關團體請客，都少不了秘書長的請帖。秘書長是有請必到，照當時請客的情形，汽車的車飯總是兩塊銀元（因爲汽車另有一跟車的小車夫），人力車是一圓，秘書長車夫那份車飯錢，就由秘書長親自賞收了。平津的苛薄嘴很多，有人出了一個謎題，是省府秘書長，打一劇目，一圓錢，可謂謔而虐矣。由此可知北洋時代，光怪陸離，令人啼笑皆非的笑話，不勝枚舉，翁冰霓當年有兩句打油詩說：「正在田裡拾大糞，官從天上掉下來」的確把他們嘴臉刻畫無遺了。

談談清裝服飾與稱謂

過完春節，就聽說臺視從美國邀請丁強、李璇回國，製作一檔子淸代宮庭連續劇，筆者當時正準備出國旅遊，正可惜錯過這檔子好戲了。

泰國曼谷第三電視臺每晚九點播放香港電視臺製作的「大內英豪」，由姜大衛等主演，劇情敘述雍正跟乃舅隆克多密謀奪權正位的事。全劇內外景以暨宮廷佈置使用器物，在製作方面處處都表現出力求逼眞，尤其辮髮一項，從皇帝以迄差弁傜役，個個都把腦門剃得青而發亮，腦後辮子也梳得整齊乾淨，沒有毛髮鬙鬙的一大堆披散腦後，就這一點，足證香港從事影劇朋友們的敬業精神，比我們臺灣認眞高明多啦。

靑年節回到臺灣，「金鳳緣」雖然未窺全貌，但總算趕上一個尾聲，抛開劇情佈景……等等不談，關於服飾稱謂，有好幾位研究淸代儀禮的同學，跟我來打聽，我祇好把個人看見過的情形，寫點出來供同學們參考，非敢自炫，存眞而已。

我們先談婦女們的頭飾，電視週刊上說：「再頂上一個人頭高的『旗帽』」。所謂旗帽實際叫「兩把頭」，在咸豐年間旗族婦女所梳兩把頭，都是用眞頭髮梳的，年紀輕的少婦髮長而密，兩把頭自然又高又大，老年婦女髮疏而稀，兩把頭自然隨年齡的增長而縮小，用眞頭髮來梳自然費時費事。到了同治年間有人研究出用黑緞子做兩把頭，按在一個銅絲編的座子上，衹要在頭頂挽個髮髻，把兩把頭連座子扣在髻上，四周用平紬厚繒實相花紋的帽條一圍，再用金細珠釵插穩，正中戴上「門花」，兩旁簪上「鬢花」眞正兩把頭最少要插上三朵花，不像現在平劇跟電視劇的旗裝頭，一朵門花就遮滿整個頭面上，尤其是電視劇裡連腦後還玉箔叮噹，累璧重珠，眞難爲演員怎麼轉得動呀！

現在電視劇裡，不知那位高明之士爲了美化兩把頭，楞在兩把頭四周鎖上一道或雙行亮眼銀邊，雖然增加了美觀，可是於實際情形相去太遠了。兩把頭上有一隻長扁方，早先眞頭髮的兩把頭非用整隻長扁方挑著頭髮不可，翡翠瓊華，金銀玉嵌的確盛飾增麗，自從改爲緞子假頭後，爲了減輕頭上負荷重量，扁方也就變成伸頭露尾免去中段了。當時有一種特別行當，是專門給兩把頭換緞子修座子的作坊，各旗門講究服飾的年輕婦女，每人都有三幾副兩把頭輪換著戴。

至於兩把頭兩邊各掛一條紅絲穗子，那也是有講究，不是隨便戴的，照規定已經許字人家，未婚少女，在家要練習梳上兩把頭，穿上花盆底，如何走路請安磕頭各項儀禮，都是挂上一邊穗子的。已婚新婚少婦逢有喜慶大典，要戴就是朱輅波飄，可是一過四十歲中年婦女，就沒有戴紅穗子的了。尤其寡居半邊人，更沒有戴的了（旗門規矩嚴格，孀居婦女，就是少艾也不准塗紅點朱），「金鳳緣」老福晉兩把頭挂紅穗子，那就太離譜了，而且這種穗子是逢到大典穿上氅衣才戴，沒有人日常家居整天戴著紅穗子，做起事來多麼不方便呀！

兩把頭腦後應當是梳燕尾，原本是眞頭髮梳的，後來兩把頭改爲緞子的，燕尾也就改爲假髮了，燕尾另外梳好用兩根帶子盤繫在旗髻上，好在有帽條擋著，根本也就看不出來。燕尾的大小跟年齡成比例，年紀越輕燕尾越大，到了花甲老人根本不戴燕尾，頭髮往上一攏，也沒有人認爲失禮。電視週刊上曾有一張梅蘭芳旗裝照像，從穿衣鏡裡，可以看到燕尾拖肩的倩影，跟現在電視劇裡的旗裝，頭上頂著兩把頭，後腦杓梳著一個像平劇青衣的人頭，非驢非馬，看過了令人啼笑皆非。

旗裝婦女的頭飾談了不少，再來談談男人的打扮吧！臺灣電視男星，無論老幼一律都是護髮英雄，腦門正中故意留個髮尖，兩鬢越來越長，耳旁腦後眞髮無處掩藏，有如亂草一叢，甚至把前額額頂上的頭髮留出一攏，編成小辮子，跟正式大辮子合攏，髮型之奇特，成了髮型之奇觀，古今所未有，眞虧化裝師怎麼琢磨出來的，既然不肯剃頭，祇好儘可能戴帽子來遮掩了。

「金鳳緣」裡舅太爺的那頂瓜皮小帽，似曾相識，可是一時想它不起，後來有人提醒我，那不是中正機場陳列的外銷品嗎？不過以帽子的高度來說，恐怕還是特別訂製的呢！戲裡總管、舅太爺管事頭上戴的便帽，都釘有一方玉石帽正，要知總管在王府裡雖然權勢不少，但究屬執事人等，自例在府裡當差之時，是絕對不准戴帽正的。清末太監崔玉桂，是慈禧跟前僅次於李蓮英的紅人，有一年夏天約了幾位朋友到十剎海會賢堂吃冰碗消暑，一進門迎頭碰見澤大爺從裡面出來，他看見崔玉桂紗帽頭兒上釘著一方瑕璽的帽花，澤公素來就厭惡崔玉桂矯揉奸猾，借著幾分酒意，當面指斥崔狂謬僭越，當要把崔送到內務府杖責，幸好有同去朋友打圓場，才不了了之，可見清朝末季執賤役的不准戴帽花理法還挺嚴明呢。

談到稱呼各王府的如夫人，不管有幾位都稱「側福晉」，「金鳳緣」裡有二福晉稱謂，也是前之所無，而今有之。至於格格們管父親叫「阿瑪」管母親叫「額娘」，沒有像叫爹娘的，證之四郎探母，鐵鏡公主對太后的稱謂，就可思過半矣。

我在旅泰期間，有幾位新聞界朋友說：「臺灣影劇觀衆有一種好話多說，事不關己少惹麻煩的心理，明知演清代戲髮型與事實不合，頂多皺皺眉嘆口氣算了（其實冤枉了觀衆，對於髮型問題報章雜誌迭有論列，可惜言者諄諄聽者藐藐），反正是娛樂解悶，何必瞎操一份心呢！可是積非成是，下一代的青年人，根本不知道清代服飾孰眞孰假，影劇是寫實的，跟國劇是寫意的大有不同，盼望國內影劇界文化界注意及此，則臺灣電視臺的宮廷劇方能呈現在東南亞各國僑胞之前。」回到國來，看了「金鳳緣」尾聲，並且宣傳請教了若干歷史學者專家，結果依然故我，使人有如骨鯁在喉，不吐不快，所以就個人實際曾見過情形寫點出來，至於人家能否採納，那就非所敢當了。

再談清裝服飾

自從我在電視綜合週刊第二六三期，寫了一篇談談清裝服飾與稱謂後，有好幾位讀者寫信給我，談到兩把頭的燕尾問題，讓我再說詳細點。早先兩把頭是用眞頭髮梳，脖子後的燕尾，自然也是用眞頭梳了，後來兩把頭改用黑緞子假頭座，燕尾也就跟著改爲假頭髮了。一些王公府邸講究人家雖然改用假髮梳燕尾，但是用別人的頭髮來梳，心裡總覺得有點膩畏，差不多都是用自己眞頭髮或者是自己家裡頭髮多的人剪下一綹來梳，一則是用自己的頭髮來梳坦然自在，二來是自己的頭髮粗細，柔軟，光澤，前後能夠一致。

梳燕尾另有作坊，可是各王公府邸福晉格格們戴的燕尾，專門有一種類似南方賣花婆能說善道的婆子們包攬下來，再交給作坊去梳。這種婆子們整天串東走西，身上背著一個大百寶囊，什麼胭脂花粉，繡片針黹花樣鞋樣，元寶底，花盆底，鞋幫上繡花，鞋底上抹粉見新，甚至於繡花被褥枕帳，全堂桌幃椅帔墊她都無所不有。東北城的生意歸一個叫「荷包滿」的婆子獨占，西城有一個叫沈步青（審不清）的包攬，祇有南城外頭，住的都是漢人，所以沒有人承應。據說燕尾作坊梳好燕尾，必須經過她們修改，才夠款式大方，她們瞧得仔細而且嚴格指導作坊裡師傅們襯裡一定要用三三黑大緞，一方面不致把旗袍後背蹭得起毛，左顧右盼比較圓轉自如。燕尾架子一定要用紅綢絲，見其輕軟滑潤，縫燕尾中縫一定要用上好黑絲線（有一個電視劇梳旗頭類似燕尾用紅絲線那就太扎眼了），頭髮在綢絲架上，要鋪得勻襯，梳得光滑。梅蘭芳在文明茶園雙慶社時代，每次唱四郎探母，鐵鏡公主的旗頭，就是他元配王氏給梳的（王少樓姑母）。有一次那王府堂會，王氏問喀勃沁王福晉，她給蘭芳梳的旗頭有褒貶沒有，那位老福晉心直口快說大致不錯，只是燕尾小了一點，敢情旗裝少婦，越年輕燕尾越大，才顯得時髦，這些講究，現在更少人懂啦。

談到清裝婦女戴帽子問題，是中年婦女隆冬畏寒，冬季凍手凍腳，輕梳慢攏，實在覺得麻煩，於是改梳頭多戴帽子，所以旗婦所戴帽子的帽簷，全是貂狐、海龍、水獺之類高貴皮飾，最不濟也得用夾子絨，海虎絨等等，帽簷既然用的都是珍貴皮毛，自然不會像電視劇上，福晉格格們帽簷上累璧重珠釘釘掛掛了。不過帽心帽絡是相當講究的，這種帽心都是平金緙絲，蘇繡湘繡爭奇鬥艷錦琦粲目才夠體面。帽結（又叫帽疙瘩）至少要有鴿蛋大小除了用紅絲打的外，大多數人都是用小珊瑚珠子結成的。帽子後面還要釘兩根平紬後繒的飄帶，上窄下寬龍紋鳳綵，雲頭鎖邊盛飾增輝，跟電視上清裝女帽頭頂玲瓏寶塔情形，也不相同。

前兩天清裝連續劇裡又出現兩把頭掛藍穗子，要知清代婦女服飾，黑藍兩色是半邊人服飾上採用的顏色，紫色是側室專用的顏色，是不容混淆的。清朝雖然沒有現代專門服裝設計專家，可是服飾顏色規定非常嚴格，那有像現代人的衣著款式顏色，愛怎樣就怎樣，那樣方便自由呢！既然服喪，更沒有兩把頭上戴穗子的道理了。

中國菜的分佈

古人說：「飲食男女，人之大慾」這句話證明了飲食在我們日常生活裡，是佔有極重要地位的。歐美人士，一談到割烹之道，總認爲飲食能達到藝術境界，必須有高度文化做背景，否則就不能算吃的藝術呢！世界上凡是講究飲饌，精於割烹的國家，溯諸以往必定是擁有高度文化背景的大國，不但國富民強，而且一般社會經濟繁華充裕，才有閑情逸致在飲食方面下功夫。

當此國步方艱，我們講求飲饌，有一個基本原則，就是要在最經濟實惠原則之下，變粗糲爲珍餚，不但是色，香，味，三者具備，而且有充份均衡的營養，至於一飯千金，一席數萬金的華筵盛饌窮奢極慾的揮霍浪費，那就不足爲訓的了。

中國幅員廣袤，山川險阻，風土，人物，口味，氣候，有極大不同，而省與省之間，甚至於縣市之間，足供飲膳的物產材料，也有很大的差異，因而形成了每一省份都有自己獨特口味，早年說，南甜，北鹹，東辣，西酸，時代嬗斷，雖不盡然，總之大致是不離譜兒的。

中國菜到底分多少類呢？據早年一些美食專家分野，約可分爲三大體系，就是「山東」、「江蘇」、「廣東」，按河流來說，又可分成「黃河」、「長江」、「珠江」三大流域。

照以上劃分辦法，並不是隨便一說，也是淵源有自的，有清一代，最爲重視治河，爲了濬治黃河，特地設了一位一品大員「河道總督」，以專責成。治河經費不但異常龐大，遇到河水氾濫成災，可以儘先到撥，隨後覈實支銷，河督設在山東濟寧州，在當初算是一等一的肥缺，又是閑多忙少的差事，所以在飲食讌樂方面，就食不厭精，膾不厭細的講究起來，因此山東菜蔚成北方菜的主流了。

揚州在隋唐時代設治，隋煬帝玉輦清遊，廿四橋明月夜，吳歌鳳琯，早就成爲詞人艷稱之地，乾隆皇帝駐蹕江南，鹽商們迷樓置酒，官家小宴，鄴中鹿尾，塞上駝蹄，瓊漿玉饔水陸雜陳，淮揚菜於是譽滿大江南北。

中國有句老話說：「吃在廣州」，因爲是通商口岸，華洋雜處，艫舳雲集，豪商巨賈，一個個囊囊充盈，自然都要一恣口腹之嗜。所出菜式，精緻細膩，力求花樣翻新，嗜之者爭誇異味，畏之者停箸搖頭，異品珍味，調羹之妙，易牙難傳，嶺南風味，簡直味壓江南了。

這種趨勢，連綿了數百年之久，七七事變，抗戰軍興，國都西遷重慶，於是川湘雲貴菜肴，成爲天之驕子，由於西南霧重隰濕，嵐瘴侵人，調味多用麻辣蔥薑，人的口味入鄉隨鄉也就爲之大變。迨政府遷臺，悠悠歲月，漸惹鄉愁，每個人都想吃點自己家鄉口味，聊慰寂寥，不但各大都會的金虀玉膾紛紛登盤薦餐，就是村童野老愛吃的山蔬野味，也都應有盡有，眞可說集飲食之大成，彙南北爲一爐，照目前臺灣飲食界來看，大致可分爲：

「北平菜」，名爲北平菜，其實認眞說來，北平以小吃著名，並沒有成桌的酒席，因爲元、明、清在北京建都，六七百年，人文薈萃，水陸珍異，五蘊七香，已經包羅萬有，用不著自己再來一套北平食譜啦。有人說：「燒燎白煮是地道的北平菜，追本溯源燒燎白煮是滿州人在東北郊天祭神的胙肉演變而來的，說它是東北菜式則可，要說是北平菜，就未免有點勉強啦。」就淺見所知，衹有掛爐烤鴨才可以算是北平菜呢！現在臺灣北平、天津、山東的濟南、煙臺、甚至把河南、山陝一古腦兒統稱北方菜，因爲這些省市都以炸、爆、溜、燴、扒、燉、鍋塌、拔絲最爲拿手，尤其擅長用醬，五味調和，割烹層次，都是大同小異的，所以現在統稱爲「北方菜」了。

「四川菜」，抗戰八年，大家都聚處南都，男女老幼，漸嗜麻辣，一旦成癮，非有辣味不能健飯，現在川菜風行，是時勢所造成的。

「湖南菜」，湖菜以腴滑肥潤是尙，一般菜肴辛辣尤勝川菜，不過成桌筵宴，照老規矩是不見絲毫辣味的。

「湖北菜」，湖北各式小吃種類不少，可是武漢三鎭沒有一家自命湖北菜的飯館，一般古樸儼雅，氣格老成的飯館，大多挑著微館牌號。上海有一家飯館名叫黃鶴樓，自稱是湖北館，可是曇花一現，即告消失，現在臺北僅僅有一家飯館以湖北菜號召，鳳毛麟角，算是一枝獨秀了。

「貴州菜」，當年北平的長美軒，西黔陽都是貴州菜，濃郁帶辣，頗跟川湘菜味相近，可是有幾隻菜的火候比川湘菜另有獨到之處，尤其是菌類調製有十幾種之多，貴陽唐園主人能做菌類全席，跟准城的全鱔席是可以互相媲美，可惜的是現在在臺灣想吃眞正的貴州菜，還不太容易呢！

「上海菜」，所謂上海菜，在臺灣已經跟寧紹菜混淆不清，其實眞正的上海菜應當以浦東、南翔、眞茹一帶菜式爲主體，口味濃郁，大盆大碗，講究實惠，不重外貌，鄉土氣息濃重才算是地道上海菜。

「揚州菜」，鎭江跟揚州雖然一在江南，一據江北，可是口味是不相左右的，所以鎭江菜肴，一般說來就包括在揚州菜裡了，揚州菜的特徵是不管如何烹調，都講究原湯原味，所以不同菜式，就滋味各異了。揚州點心花色繁多，加上廚師們肯下工夫去改良，揚州點心的聞名遐邇，也不是倖得的。不過油重厚膩，喜歡淸淡的人，就不太歡迎了。

「蘇州菜」，蘇州菜精緻細巧，是跟他文化水準有關係，況且自古有不少朝代在蘇州建都，古蹟名勝又多，飲食方面自然就精益求精了。至於有人把南京菜跟蘇州菜混在一起，統稱京蘇菜，若要認眞品評，兩地口味是迥不相侔不能比併的。而且南京跟北平一樣，雖有不少菜式，可是要拿出成桌的南京菜，還不太容易呢！

「無錫菜」，無錫靠近太湖，旣多蝦蟹，後產菱藕，無錫船菜是聞名全國的，不過味尙甘甜，本地人習慣菜裡多糖，外地人偶嘗則可，吃久未免生厭，不過無錫菜刀工火候，都可列爲菜裡上上之選。

「杭州菜」，杭州古代旣建過國都，西湖風景又馳名中外，所以杭州菜，博碩肥腯，濃淡具全，腴潤的有味醇質爛的東坡肉，淸淡的有蒸香味永的西湖醋魚，推潭僕遠，堪稱上味。

「寧波菜」，因爲地近舟山群島海產特豐，就地取材，所以寧波菜以海鮮爲主，漁罟所獲，以鹽防腐保鮮，所以寧波菜比較味鹹，就是這個道理。

「安徽菜」，典當在沒有錢莊票號之前，是民間互通有無的大生意，歙縣的朝奉是獨占的行業，徽省菜館的聲華，早就蜚名全國。不過自錢莊銀號代興，典當業一落千丈，提到徽館，已少人知，至於膾炙人口的鴨餛飩，就是徽館流傳下來的。

「江西菜」，全國各大縣市，所有餐館酒肆，很難指出那家是江西飯館，可是贛州菜，割烹佳味，甘旨柔滑，也有其獨特之處，至於何以不能推拓及遠，就非所敢知了。請教了若干精於飲饌的朋友，也談不出所以然來。

「廣東菜」，分廣州、潮州、東江三派，廣州菜因為開埠較早，各國人士雜沓紛來，有若干菜式是取法歐西烹飪方法，加上蛇、狸、鼠、蟲都能入饌，在中國菜裡是獨標一格的。潮州菜也重海鮮，煨燉皆精，每菜上桌，都有各式各樣的小碟小盅的調味料任客自調，甘冽香鮮，是別處所無爲人艷稱的。東江菜也就是客家菜，用油較重，口味亦濃，大塊文章，充腸適口，烹調方法比較保守，所以最具鄉土風味。

「福州菜」，福建也是精於飲食省份，福州臨江近海水產特佳，雖然臨近廣東，可是兩者口味迥不相同，湯鮮口永，淸淡宜人，擅用紅糟尤其所長。

味全叢書，將出餐點新編，編者囑介源流，謹就個人所知，舉其犖犖大者，罣誤自所難免，尙希邦人君子，進而教之。

說煙、話茶、談酒

皇冠三一四期（東南亞版九十六期）張拓蕪先生所寫的『閒中三題』，談到煙茶酒，這三種生活次需品，都曾經跟我締交了將近一甲子歲月。現在三者對我雖然有的已經成了君子之交，淡淡如也，可是提起往事，仍舊是其味醇醇、津津樂道。

煙

從小，我對於煙癮大的人，走到跟前滿身煙味，非常厭惡。有些同學一支在手，噴雲吐霧，怡然自得的意態，我從來沒有羨慕過。離開學校，到武漢就業，正當二十年武漢大水過後，癘疫猖獗，我不是感冒，就是瀉肚，反正市面上有什麼流行病，我都有份兒。筆者有一位好友劉學眞醫學博士，是漢口的名醫，他給我仔細一檢查，原來我的五臟六腑非常柔弱，經不起一點外邪，完全失去了抵抗力，祇要發生了流行感冒，我就得如嚮斯應打針吃藥一番。他給我配的藥是一磅裝的褐色藥粉，外送三B煙斗一隻，讓我經常每頓飯後抽一斗，等一磅藥粉抽完，再去取藥。他說你不必再用藥，買一磅煙味最淡的金牛牌煙絲來抽，自然你以後就百邪不侵啦。果不其然，自從叼上煙斗成了癮君子後，眞的什麼病痛也不沾身了。

我的工作原來是經營麥粉、水泥、火柴稽徵業務的，因爲學會抽煙，能夠試吸煙類，就改調捲煙、雪茄、煙絲跟煙類有關的稽徵業務，爲了業務上的需要自然而然又抽上了雪茄。雪茄煙種類繁夥，大致可分三類，荷蘭清淡，哈瓦納適中，呂宋強勁。不管雪茄如何清醇香淡，要跟紙煙來比那就強烈厚重多啦，工作方面越做越熟練，煙癮也就與日俱增。過了不久上級調我品評煙質，核定稅級工作。這項吸評工作非常艱鉅，擔任吸評工作同仁，每人辦公桌前，排滿了都是歐篤、李施德霖一類口水，試吸一支新牌香煙，就要用藥水嗽上半天，才能吸試別的牌子。我雖不抽香煙，可是爲適應工作需要，也不得不勉爲其難啦。所以我的抽煙歷史是由煙斗啓蒙，雪茄次之，最後才抽捲煙，由強而弱，煙癮之大是可想而知的。

初來臺灣，幹的仍舊是與老本行有關的製煙工作，當時省產香煙，普通的香蕉牌，較好的是紅樂園，香蕉煙是受了日本製煙系統的感染，有一種強烈的低級脂粉味，不但難聞，而且刺喉；紅樂園雖然味稍平淡，無奈包裝圖案設計，上紅下藍，好像穿著紅棉襖藍棉褲的村姑，粗俗之極。其時臺滬海運，尚在蓬勃發展，於是上海製品以暨舶來品洋煙，紛紛跨海而來，大事傾銷，幸虧臺灣爲配合商展，出了新牌子香煙新樂園、綠島。綠島是薄荷煙，祇爲美觀外包玻璃紙，煙支未包錫紙，容易走味霉變，未能打開銷路，終於停製。新樂園包雖欠美觀，可是用錫紙包裝，煙味醇和，對了癮君子的胃口。甚至當時財政廳長任顯群不抽洋煙專抽新樂園，並且親自問我，新樂園的原料裡，是不是有嗎啡成分？爲什麼抽慣了新樂園，再抽別的煙，很覺著有點苦澀不對勁。政府遷台後，我們的英勇海軍在海上擄獲一批廣東南雄煙葉，於是我們斟酌配方，出了小華光。當時空軍有個八一四牌子香煙，局方又循海軍之請，又出了一種美式香煙大華光，包裝設計一切仿傚藍錫包，新品剛一上市曾經被當時工業委員會主任委員尹仲容先生誤爲舶來品香煙，嗣後又研究出了雙喜牌供應市銷，原祇準備每月出產一萬支裝八十箱的，後來因爲搶購發生了黑市，每月增產到兩萬箱還是供不應求。爲了增強品質管制，那時還沒有機器包裝，完全用手工包裝又怕包錯了牌子，一批一批的試吸檢查，簡直把舌頭都抽得痲木了。有一次中日雙方在臺北有一次重大會議，日方拿出來的 PAECE 牌香煙，是五十支紙裝的，我們雖然在會場供應的二十支裝紙包雙喜，深受日方與會人士的喜愛，可是總覺得在這種濟濟多士的盛會，我負責全省香煙製造，沒能拿出罐頭香煙出來待客，衷心至感慚恧，等把五十支罐裝寶島香煙研究成功上市行銷，我才從工作崗位上撤退，退本溯源改行耕煙工作。既然跟煙沒脫離關係，煙斗、雪茄、香煙仍舊煙不離嘴，整天煙雲繚繞抽個不停。到了民國五十七年十二指腸大量出血，經過手術之後，就跟煙毅然絕緣了，煙斗、雪茄一齊送人，到現在戒了十多年的煙，什麼煙類也沒沾過嘴唇。

從前煙友林語堂先生跟我說過，能夠一下斷了煙而不再抽的，是謂忍人，他絕不交那樣的朋友，幸虧我斷煙時在屏東，他住臺北，彼此沒碰面，過沒兩年他就駕返道山，否則他知道我義無反顧，悍然斷煙，我豈不是要失去一位煙斗同好而又幽默的益友了麼？自從斷煙之後，任何場合有人抽名貴香煙，儘管氤氳滿室，我都毫不動心，不過偶或聞到極品煙絲、特級雪茄，我那不波的古井，偶或泛起了些微漪，我想是先天的劣根性又在心頭忐忑作祟了呢！

茶

談到茶，我自認明朝屠本畯所撰『茇茗』上所說一吸而盡俗莫甚焉的蠢才，打從束髮授書，就鄙開水而不喝，老師每早必由書僮奉上香片一甌，也就另用小茶壺，給我沏上一壺悶著，等上完生書，茶葉正好悶出味兒來了，不冷不熱正好一飲而盡，所以養成牛飲釅茶的習慣。

香片茶究竟什麼年代問世的，已經無從考證，不過從明朝王象晉所著的『群芳譜』中茶譜記述製茶方法來看，明朝已經有香片茶了。他說：『木棉、茉莉、玫瑰、薔薇、蕙蘭、蓮橘、梔子、木香、棉花皆可做茶，諸花開時，摘其半含才放蕊之香氣全者，量其茶葉多少，用花爲茶，三停茶，一停花，用瓷罐，一層茶，一層花，相間至滿，紙箬紮固，入鍋壺湯煮之，待冷取出，月紙封裹，火上焙乾取用。』這種古老製法，跟現代製法不是大同小異嗎？

因我愛喝香片，所有南友北來，我都用香片待客，我到南方探親訪友，也都是以北平的香片茶做爲餽贈禮物。受我感染南方朋友喝青茶紅茶而改爲香片的大有人在。香片是薰茶，又叫窨茶，就是用花浸過再薰的意思。當年北平茶葉舖賣香片茶葉講究多少銅元一包，每包夠沏一壺包裝紙上都印有茉莉雙窨紅木戳，您到戲園子聽戲，凡是不吝小費的主顧，茶房給您沏來好香片，必定把包裝紙繫在茶壺嘴上，表示給您特別用的好茶葉，少不得要多叨光幾文小賞了。

照群芳譜所載，花茶有二十幾種之多，現在僅存的不過三五種而已。茉莉花茶北平薰製的特別好喝，可是在上海喝當地製的茉莉花，就不對味啦。在上海，珠蘭花比較薰得好，在蘇州要喝玳玳花茶，福州喝水仙花茶這是茶中雋品，這大概跟花的產地有相當關係。北方喝花茶，幾乎清一色都是茉莉香片，可是依據典籍記載：『茉莉花原出波斯，移植南海，滇廣人喜栽蒔之，女性畏寒，不宜中土……』曾經請教過一位管理花廠子的掌櫃，據他說：「茉莉花品種甚多，優劣各異，製茶高手，聞望便知。北平茶行薰茶所用茉莉全部都是自己花匠（他們叫把式）在豐臺溫室培植的，實在數量不足，才在初窨偶或滲點洛陽茉莉，會品茗的茶客，茶一進嘴就能察覺出茶葉薰得不地道了，所以茶行不是萬不得已，就連初薰都不肯用洛陽茉莉」。

從前在廣和樓聽富連成科班，有一位乾癟瘦猴賣茶的老頭，手提一隻舊瓦罐，上頭罩著一個百孔千洞的棉布套，差不多在中軸子武戲一下場，他步履蹣跚的走過來，從壺裡給您倒上一杯滾熱的香片茶來，這杯茶濃淡合度，甘香適口，喝下去眞是如飲甘露一般的舒服。等大軸子唱到一半，他又來奉茶一巡，仍舊是又燙又釅，並且抽出一張黃紙，是他從後臺木牌上抄下來的第二天戲碼，彼時戲報子上只寫『吉祥新戲』，要想知道明天什麼角唱什麼戲，您要先睹爲快，全憑他那張黃色茶葉紙啦！戲單看完！您掏個一毛兩毛他就心滿意足道謝而去。也許那時候年紀輕，到現在仍舊覺得那位苦老頭的香片茶最過癮了。

宣統出宮後，故宮清理善後委員會曾經在神武門出售一批剩餘物資，有大批雲南普洱茶出售。先祖母說百年以上的古老的普洱茶可以消食化水、治感冒、祛風濕，價錢比中等香片價錢還便宜，所以買了若干存起來，到了冬天吃烤肉，吃完有時覺得胸膈飽脹，沏上一壺普洱茶，釅釅的喝上兩杯，那比吃蘇打片、強胃散還來得有效呢！

來到臺灣，最初祇有文山茶，雖然粗枝大葉，尚堪入口，後來大陸來的人多數喜喝香片。雖然本省熟諳茶道的人士，認爲花茶『助香奪眞』是一種級茶，可是嗜痂者衆，在外銷出口數量上比重很高，所以花茶製造經過精心研究，比較以前已經大有進步，近年來烏龍茶突然走時，極品凍頂烏龍要賣上萬元一斤，簡直是駭人聽聞了，其實說穿了也不過是福建武夷移植進來的別種而已。最近臺大教授劉榮標研究出茶葉可以抑制帶癌細胞的蔓延，並以烏龍茶功效尤著，今後烏龍茶的銷路可能更趨升騰。我有一位朋友是烏龍茶製茶專家，他說起烏龍茶的歷史來，幾天都說不完。讓我喝烏龍淺嘗則可，喝久了就覺得不過癮，還是痛痛快快喝幾杯小葉香片，才感覺心曠神怡。至於喝功夫茶，談談茶道，那都是文人墨客的雅事，我這祇知牛飲解渴的俗人，是沒有資格參加的。

酒

我從小就跟酒結了不解之緣，牙牙學語的時候，大人用筷子頭沾點高粱酒讓我唆一下，不但不怕辛辣，而且覺得津津有味。先祖母善製廣東鷄酒，說是可以益氣補中，小孩更能強筋健骨，我從束髮入學，每逢做了鷄酒，總少不了我的一份。先君早故，我在十六七歲就要頂門立戶，跟外界周旋酬應了。觥籌交錯，自然酒量也逐漸增大，三幾斤黃酒似乎還難不倒我。

北平品郵名家有位傅梦岩先生，是前清度支部司官，一生別無所嗜，祇好收藏佳釀，他家窖藏最名貴的酒有七十五斤罈裝陳紹，據說是明朝泰昌年間，紹興府進呈御用特製的貢酒。據說酒醴成膠，琥珀凝漿，黃琮似玉。這種酒膏，要先搯出一湯匙，放在大酒海裡，用二十年陳紹沖調，忌用鐵器，用竹片刀儘量攪和之後，把上面浮起沫了完全打掉，再加上十斤新酒，就可以開懷暢飲了。如果濃度太高，中酒之後，能沈醉幾天不醒呢！他家一年一度的品酒會，由一桌增爲三桌，佳釀傳遍遠近，當時市財政局長楊蔭華也是初出茅廬好酒之徒，於是慫恿我跟他一同參加梦老的酒會。酒會定有酒例，入會之人，先乾主人所備陳紹一觥，然後隨衆入席。這一觥也不過能容一斤左右的酒，當時我們兩人的酒量都在三斤以上，當時我倆一同舉杯，有如長鯨吸百川一飲而盡，然後入座。誰知頭菜吃完，我們已經昏昏欲睡，等上第二道菜已經先後溜桌，所幸還沒當場還席。後來才知道，我們第一觥酒裡，滲有一小酒盅四十年陳紹，可見陳年好酒是多麼容易醉人了。

經過那次大醉，酒興更豪，碰巧我的表兄王雲驤也正對酒發生興趣，有一天他忽發雅興，想出了一個絕妙喝酒方法；當年北平西長安街飯館林立，以春字爲市招的有十多家，於是他約了兩位酒友，每人坐一輛門口的熟人力車，從西長安街把口的四如春起，逢春必入，每人花雕半斤，祇點一隻下酒菜，吃完就走，接著西湖春、大陸春、新陸春、春園、宣南春、慶林春……一直喝到府右街的美華春西餐館，一進門就要花雕，一號茶房領班老王看大家步履踽躅醉眼朦朧，大家酒意已濃，給開了兩瓶啤酒，喝完出門，啤酒上溢，小風一吹，眞是車如流水般，相繼出酒。第二天被家姑丈王嵩儒知道，他出了一個詩題『醉遍長安十家春』，用轆轤體，罰我跟雲驤各作律詩四首，詩雖不記得了，可是經過這次教訓，從此再也不敢酗酒丟人了。

光復之初，剛到臺灣，酒廠製造出來的酒，種類倒是不少，什麼太白、紅露、米酒、橘酒，不是有股子怪味，就是香氣太濃，能喝的祇有淸酒跟啤酒而已。既沒有合口的美酒佳釀，所以凡是應酬場合，都是淺嘗輒止，甚至花雕問世，埔里酒廠的廠長張潤生兄想跟我賭酒，每人要喝零點六公斤裝的一瓶花雕，等我兩大碗老酒下肚，他才知道找錯對象，我是不可輕侮的了。我自從十二指腸手術後，煙固然是堅壁淸野，酒也舉杯爲敬，所謂煙茶酒閑中三種生活次需品，煙已成了拒絕往來戶，酒變成了中小企業，祇有茶，仍舊保持前賢王肅劉縞之風，遇到極品香片茶總要牛飲一番盡興呢。

爐肉和乳豬

如果您不是北平生長，或是沒到過北平的人，跟他說爐肉，可能他不知道是什麼吃食，其實說穿了就是燒烤豬肉。在前清婦女除非參加親友家嫁娶祝壽湯餅喜慶盛典，才到各大飯莊子出份子道賀外，平日隨隨便便就進飯館子吃喝一頓的，可以說少而又少，堂客們既然不輕易下小館，有些人爲了套近乎，給人送隻烤鴨或是一方爐肉，送者所費不多，受者全家都可以吃得其味醰醰，這就是早年燒烤大行其道的原因。

在北平烤鴨是專門由便宜坊，全聚德一類，天津所謂鴨子樓來供應，至於爐肉就衹有盒子舖（又叫醬肘子舖）所做獨門生意，一般盒子舖的爐肉大多十幾斤到二十斤一方，烤個一兩方，每天也就夠賣的了，至於講究人家要用全豬過禮下聘，那就得向盒子舖預定了。盒子舖的爐肉，大約都是每天下午兩三點鐘，純粹用鋼叉挑著肉在炭火上轉著烤，所以剛出爐的爐肉皮又酥又脆，腴而不膩，這時候買回家蘸著醬油下酒，或者是用大蔥一包拿來下飯，稻香肉美，是一般久居北平老饕們價廉物美的佳肴。

在實行屠宰稅之前，北平很盛行吃烤小豬，皮酥而脆，肉細而嫩，最妙是滑香腴潤毫不膩口，自從屠體豬隻加蓋藍色印戳後，想吃烤小豬簡直是戛戛乎其難了。當時北平市財政局長楊蔭華，我們都是陶然酒會的酒友，有一次酒酣耳熱大家都想請他弄一隻小豬，大家來解解饞，最後他幸不辱命弄了一隻小豬來，讓大家飽啖一番。事後他說十斤小豬按大豬完納屠宰稅，屠宰場才肯動手，平素大家吃不到烤小豬，其道理就在於此。

清宮壽膳房有一道菜叫「炸響鈴」，就是把爐肉的皮單獨起下來，回鍋炸脆蘸著花椒鹽吃，是一樣下酒的美肴，關於炸響鈴，還有一段小故事，據說當年清朝道光皇帝勤政愛民自奉甚儉，隆冬大雪偶或酌飲幾杯，就喜歡以炸響鈴下酒。有一天在後宮無意中，翻閱膳食單，看了之後大吃一驚，一味炸響鈴竟然開價一百二十兩，他立刻把御膳房首領，太監傳來問話，回說用整豬烤後起皮下鍋，這個菜的確不能算貴了。道光雖未深究，可是從此傳膳，絕不再點炸響鈴這道菜。後來這件事傳出宮禁，北平一些大的山東館都添上炸響鈴這道菜以饜顧客，至於是否眞從爐肉起下來再炸的，那祇有天知道了。

北平旗籍過大禮，也有用整隻燒豬下聘的，女家還要把男方所下聘禮中的鵝酒糕餅花粉活羊燒豬分送親友家請其留用，這種燒豬遊遍六九城，原本酥脆爐肉皮，已經回軟，受者有人把整方爐肉改成骰子塊，跟五花三屬的鮮豬肉同燉，鬆軟多脂，別具炙香，有時約上三朋四友來小酌一番，說是可以沾一點喜氣，被請者沒有不欣然而來的。

廣東省也是最講究吃燒豬肉的省份，而且選料火工兩皆拿手，他們選用不超過十斤重的仔豬非常嚴格，宰殺收拾乾後，撐開掛在牆上風乾，用一種特製工具前尖後鈍中空小鋼扦子，揷成若干小洞，然後用腐乳汁、豆豉汁、甜麵醬裡外連塗帶搓，讓味深入肌裡（用作料忌用醬油否則肉味帶酸），有的用明爐烤，有的用暗爐烤，比起北方用鋼叉子挑起來烤，既烤得均匀又省氣力。不過廣東烤乳豬，皮塗油抹作料皮脆而滑，若是超過卅公斤較大豬隻必定先行聲明不是乳豬，肉一離烤爐，必須立刻大嚼，稍一遲延皮就回軟無法下嚥。後來仿照北方烤法皮上不抹作料，皮上凸起微粒，起名叫芝麻皮，脆而且酥就不易回軟，蘸海鮮醬或蠔油吃是下酒的無上雋品。廣東人婚嫁，三朝時新娘回寧，花燭之夕若是完璧，必定有明爐烤豬同來，如無乳豬相隨，則說明新娘已非完璧，是坤方最失面子的事，在早年婚嫁，回門有無全豬，大家都很重視呢！

梁太史鼎芬好啖是出了名的，他有一味拿手菜「太史田鷄」傳授給廣州惠愛街玉醪春，那家祇有三五座頭的小吃館居然在幾年之間變成彫樑粉壁的大酒樓，廣州黃黎巷有一家莫記小館，他知道梁太史家烤乳豬，所用醬色跟蒜蓉都有特別不傳之秘，據梁均默（寒操）先生說：「莫友竹老板原本是風雅人，用家藏紫朱八寶印泥一大盒，才把梁太史這套手藝秘方學來，莫家小販從此就以烤乳豬馳名羊城，而生意鼎盛起來。」後來梁大鬍子家又把烤乳豬秘方傳給蒯若木家的庖人大庚，蒯住北平翠花街，大庚烤乳豬的手法，跟一般烤法並無差異，可是入口一嚼，酥脆如同吃炸蝦片，的確是一絕，蒯老也頗以此自豪。

民國六十五年我到泰國去旅遊，舍親知道我是好吃的饞人，特地請我在珠江大酒樓吃飯，主菜就是烤乳豬，十斤不到的仔豬紅潤潤，油汪汪，香噴噴，皮酥肉嫩，香脆無比，調味料鹹中帶酸，帶點檸檬味的果香，別有一番風味，泰國飯食原極注意調味料，就是隨便小吃，桌上也擺滿小碟小碗各式各樣鹹甜酸辣作料，席面上有烤小豬，算是上等酒筵，自然調味料就更考究了。

臺灣幾家廣東大酒樓，除了燒豬肉之外，也有零折明爐乳豬賣，因爲臺灣無論冬夏濕度均高，烤肉出爐掛在燒臘架上，祇要超過一小時，皮一吸濕，吃到嘴裡炙香全失，就不夠味了，所以在臺灣省雖然吃過幾次明爐烤乳豬，價雖不菲，可是令人頗爲失望。回想在大陸無論在平津或是廣州上海，吃明爐乳豬絕無出爐即皮軟不脆現象；尤其北平爐肉出爐三五小時，吃起來仍然是脆蹦蹦的，十之八九是礙於氣候因素，是不關手藝的良窳的。

白湯麵和野鴨飯

德國人最注重每天這頓晨餐，他們認爲從頭一天晚餐到第二天清早，中間相隔十小時以上，出門工作之前，若是沒有一頓充實的早餐，就是勉強支持到中午再進餐，對於精神體力耗損如何，也就可想而知了。在臺灣十有八九的人，都有吃早點的習慣，比較洋派的人士，早點離不開鷄蛋、牛奶、乳酪、麵包。一般人的早點也不外燒餅、油條、饅頭、豆漿稀飯等等。筆者一向是主張吃早點，而且早點要滋養耐飢的，旅臺日久，每到冬季吃早點，就想起大陸上的白湯麵啦，我在旅居揚鎮期間，入鄉隨俗，每天都到茶館吃早餐，儘管茶館裡點心花色很多，同去朋友有人叫包餃，有人要鍋餅燒賣。我是必定要碗白湯麵，不過麵的種類，澆頭花色天天變更，換換口味以免吃膩。

白湯麵顧名思義，一定是玉俎漿濃以湯取勝了，煮白湯麵的原湯，是把鷄鴨的骨頭架子，鯽魚、鱔魚、豬骨頭、火腿爪放湯大煮，所有骨髓，都漸漸溶入湯裡，煮到色白似乳，自然味正湯濃。據富春茶社老板陳步雲說，煮這濃湯，廚行術語叫「吊」，各有竅門秘不傳人，有的另放羊腸，有把上等蝦子縫在布袋內下鍋同煮，等湯煮好，再把蝦子包拿掉，手法門道名堂甚多，每一家麵館的白湯麵都有它自己獨特風味，一般家庭是沒法子仿效做的，所以要吃上等白湯麵，一定要到茶館去吃，其道理在此。

好啖的朋友都認爲白湯麵是揚州所獨有，我在揚州時世交前輩許雲浦總是請我到青蓮巷的金魁園，並約了金魁園的財東李振青跟鹽務方面岸商潘錫九吃早茶。許雲老知道我愛吃白湯麵，頭一天就跟李振青關照金魁園灶上，李住金魁園對門，又是金魁園房東，所以這餐白湯麵是加工精製鱒羹鵝膾豪潤芳鮮，腴而不膩。

潘錫老是揚鎮有名的美食專家，兩杯早酒下肚逸興遄飛，問我吃過這樣美味的白湯麵沒有？我說：「泰縣大東酒樓的蟲賚蠓膀湯麵，鎮江繁華樓的脆魚掛滷都自誇味壓大江南北，但比起今天的白湯麵似乎泰鎮的白湯麵要稍遜一籌。不過前年我在安慶的醉仙居吃一次斑魚肝煌魚片雙澆白湯麵，似乎跟金魁園稱得上，玉食珍味難分軒輊可以比美。」潘聽了哈哈大笑，認爲我是知味之言。潘說：「白湯麵是揚鎮人給它起的小名，源出皖省，是安徽貴池吳應箕先生研究出來的，本名徽麵，自從清軍南下揚州屠城後，由安徽庵人把白湯麵的製法傳到揚州而馳名的，安慶是白湯麵的發源地，正宗法乳，還能差得了嗎？白湯麵除了吊湯有獨特手法外，光談麵的名稱就有二十多種，湯麵有寸湯、寬湯、全鷄湯、兔雜之分。麵的大小又有飽麵、寬麵、窄麵、一窩絲、扣麵、大連、中碗、重二、三戥子、麵結兒。煮麵又分清水、鍋挑、大煮之別，此外麵的做法又分滷子、乾拌、煨麵、炒麵、鍋麵、脆麵，兩面黃加汁、過橋、兔浮油、兔青、兔紅、空紅種種名堂。至於麵上的澆頭更是多達五六十種，客人常點的不外火腿、分中腰、腳爪、板橙椿；肴肉又分眼鏡子、玉帶鉤、天燈棒、脆火（脆鱔魚火腿）、脆鱔、鷄火（鷄肉火腿）、鷄脆（鷄肉脆鱔）、鷄絲、鷄脯、鷄翼、鷄腳、鷄皮、鷄丁、鷄肝、滷鴨、鴨舌、鴨腰、腰花、蝦仁、蝦腰皮蟑蟹、蝦蟑蟹、蟹黃、蟹肉、蟑蟹、脆魚桂油、脆魚軟兜、脆魚回酥、脆魚片、炒魚片、脆魚滷、刀魚、燻魚、斑魚肝、野鷄野鴨、風鷄、臘鴨、鹽水蹄、水晶蹄、大肉、拆肉、羊肉、羊膏、冬筍、雪笋、鹹菜肉絲、糖醋絲麵筋、三鮮、五丁、麻醬、香椿、茼蒿、藥芹、枸杞、蘆蒿等等葷素澆頭，眞可謂五蘊七香各具其味。一桌坐上十來位客人，花樣百出，各點所嗜，這連侍候堂口的堂倌都是受過相當訓練的，既要頭腦靈活記憶銳敏，還要眼明手快，頃刻麵到，分送客人面前，那一位要的什麼麵，怎樣澆頭，絕無差誤。同時雙手兩臂一趟能端八碗，左手端兩碗，上加一碗，左臂跟肘彎墊上手中各挾一碗，左邊五碗；右手端兩碗，再加一碗，一共八碗，這種端法還有名堂，叫做八仙過海。他們上下樓梯，下台階邁門板輕鬆俐落，湯不洒，麵不搖，就這一手，沒有三冬兩季功夫是絕對辦不到的。年紀大了，記性不好祇能說出五六十種澆頭，前些年引市街文園有位老堂倌，一口氣能報近百種澆頭，那比北平說相聲的報菜名還來得精彩呢！」聽了潘錫老這番話，想不到白湯麵還有這麼多的典故呢！

當年在大陸白露凝霜，初透輕寒，就到了應時當令吃野鴨飯的時候了，我初到蘇北，對於當地習俗還摸不清門路，凡是誼託姻婭，如果男丁都在外為宦經商向學作幕，家中沒有官客，遠來姻親，不能招待酒飯，就送幾色菜點到住所或行館來，以盡地主之誼。我到泰縣住在大林橋舊宅，泰縣支家是大族，在當地提起紫籐花架（地名）支家大門是無人不知的。舍下跟支府是老親，支三老太派人送了兩菜兩點另外一甑野味飯來，菜點送來正有一位朋友金駝齋在座，他說：「支府的瓦堡野鴨飯是全泰縣最有名的，支家的野鴨飯必定三太太親自下廚做的，野鴨的大小肥瘦不合標準她不做，她老人家精神不好也不下廚，您能吃到支家的野鴨飯可算口福不淺。」

當天晚上就拿野鴨飯當晚餐，米是支家田客子（佃戶泰興稱他們田客子）精選的水稻，糯而不黏，粒粒珠圓，有似廣東順德的紅絲稻，野鴨肉酥皮嫩，腴而不油，配上碧綠的油菜，味清而雋，的確屬妙饌金駝子的誇讚，信非虛譽。自從吃過這次美味的野鴨飯後，聽說海陵春的野鴨飯也不錯，等我去時野鴨避寒南飛，已非其時，所以沒能吃到。

後來幾位揚鎮朋友在上海浙江路開了一家精美餐室，我早晚辦公，雖然不時在餐室門前經過，可是從未光顧就餐過。有一天他家門堂貼有本室新增野鴨飯，這種美食珍味，許久未嘗，於是入座叫了一味野鴨飯來嘗嘗，鴨子的腴美不輸蘇北，飯也燜得汁滷入味芳鮮，不用上海粳稻，而用秈米更覺鬆爽適口，可惜所用蕓苔菜（俗稱油菜）不似蘇北取自田園，隨摘隨吃，來得新鮮肥嫩而已。

自從來到臺灣，偶祇聽喜歡打獵的朋友們說去打野鴨，可是我既沒見過，更沒吃過，有一年去虎尾糖廠訪友，住在貴賓館，恰巧碰見何敬之、白健生、楊子惠三位老將軍聯袂而來，也住在招待所說是來虎尾溪打野鴨子的。楊惠老本來說話風趣，當晚又喝了幾杯益壽酒，酒後談興甚豪，他當時的夫人是臺大畢業，跟小女同班同學，所以他才開玩笑，叫我小老叔，並且說何白二老起身較遲，他滿載而歸，可能他們尚在隆中高臥。果然第二天大家正進早餐的時候，惠老已經帶著他的戰利品—三隻竹鷄，七八隻野鴨回來了。他獵獲的野鴨，似乎比大陸所見小了很多，中午的野鴨大餐，我回去斗六有事，未能一嘗美味，頗覺可惜錯過一次口福。

前幾天有一位好釣魚打獵的朋友，聽我說野鴨飯好吃，獵了幾隻野鴨拔毛開膛，收拾乾淨送來，在原形畢露之下，敢情這種野鴨比鴿子大不了許多，皮下一層脂肪，骨大肉少，好像跟早年大陸的野鴨不太一樣，我想野鴨渡海南來避寒在竭澤而漁，野有餓殍相形之下，自然營養不良。那這少壯野鴨，仗著年富力強耗盡精力，飛奔海外安樂土，能保殘軀，已經是無上的幸運了，看著鴨子不禁眼澀心酸，吃野鴨的胃口也煙消雲散了，等朋友走後把這幾隻野鴨拿到附近公園花叢把牠們掩埋起來，似乎心裡空空洞洞發了半天楞，才趦趄而回。野鴨野鴨，鴨猶如此，人何以堪，海天北望抑鬱難安。

北平的餑餑舖

民俗專家金受申常說：「北平最老的店舖，可能要算餑餑舖啦，元朝入主中原，在燕薊一帶建立大都，依照蒙古習俗，郊天、祭神、歲時礿禘，都得用牛油做的餑餑祗奉明祀。建都伊始，一切草創難周，宮廷尚未設置御膳房，於是這種祭祀的餑餑，一律交由點心舖承製。後來內外蒙人民，大量南移，食之者衆，餑餑舖乃變成最賺錢的生意啦。」

北平是革命軍北伐成功之後，才開徵所得稅的。籌備期間，第一步先要弄清楚舖戶的資本額，才能據以勘定課徵標準。稽徵人員翻開陳年老賬，發現最老的一家商店，是東城燈市口一家點心舖叫合芳樓，在元朝建都之初，他家就開張了，其次東四牌樓的萬春堂藥舖，西西牌樓的酒館柳泉居，也都是元朝至正年間開的老買賣。至於大家認爲最古老的二葷舖隆福寺街的竈溫，以及小器作馳譽中外樣式雷家始祖雷發達，反而稍後都是明朝萬曆年間才開設的呢。

合芳樓有九間門面，丹楹碧牖，彩繪塗金，閃爍奪目，建築設計，淡麗高古。庚子年間，八國聯軍進據北京，發現合芳樓古色古香，所有外國人都喜歡在該處拍照，所以後來凡是到北平遊覽的觀光客，都要對著它拍攝幾張照片以資留念。

本來最早餑餑舖祇做牛油鹹餑餑，專供皇家民間祭祖之用，所用桌子跟大八仙一般大小，可是腿短而粗質料厚重，祭祖喪禮用的則剔金塗銀，色尚玄黑，祭祖用的則丹漆藻麗寶相花紋，盛餑餑的高腳銅盤，鏤空彫錯，文彩端莊。餑餑桌子分三五七九四種，每層又分二百塊、三百五十塊兩類。這種餑餑用純牛油烙製，放在供桌上五六十天絕不起霉皺裂（當年尚未發明防腐劑，何以放在明處兩月之久能不霉變，令人不解）。

到了民國初年民間遇到親友家有老喪，爲示隆重，也有人送餑餑桌子當祭席了。送祭席在靈前一供即撤走，餑餑桌子可以供在靈前若干天不撤去。不過後來有人覺得純奶油餑餑有股子羶味，撤下來就要拋棄未免靡費不切實際，於是跟餑餑舖商量改用花糕，北平人向來有個不時不食的習慣，花糕要到了九月初一才應市，不過您到餑餑舖訂餑餑桌子，說明是餑餑桌子用的花糕，他們會欣然開爐定做的。

據說餑餑舖到了明朝中葉，蒙古人又都北走蒙疆，就是留下來的也都漢化，專賣奶油餑餑吃之者少，買賣實在難以維持，才添製各種點心出售，初時以大八件中小八件爲主，後來又添上捲酥、桃酥、杏仁酥、棋子酥、鷄油餅、狀元餅、椒鹽餅、菊花餅、芝麻餅、玫瑰餅、籐蘿餅、火腿餅、喜字餅、福壽餅、花糕、油糕、槽子糕、芙蓉糕、喇嗎糕等等。

到了滿清定鼎中原，北平的餑餑啦敬神祭祖，除了把元朝的餑餑桌子加以改良，改稱點子外，又添上滿洲點心薩其馬、小炸食、勒特條、棗泥瓤、中果條，代冰糖渣兒的脆麻花，毛邊不毛邊的缸烙，甜鹹排叉，光頭餑餑等等。應時當令的有各式元宵、中秋月餅、重陽花糕，過年敬神祭灶論堂的蜜供，儘管餑餑舖有一百多種點心，可是他們仍保有古樸作風，祇在門口掛上幾串木質栓小鈴瓏的幌子。您進到店堂，什麼點心也不陳列出來，全都分門別類放在櫃臺裡面紅漆大躺箱裡。顧客到餑餑舖指名要什麼點心，他給你拿什麼點心，櫃臺內外絕對沒有陳列點心樣品的橱櫃，傳說是塞外遺風。漠北風沙大，如果放在外面沾上沙土，就沒法吃了。

所以南方朋友初次到北平，回鄉餽贈親友，都喜歡買點京都細點，可是餑餑舖點心名堂太多，祇好買點京八件裝行匣帶回去。所謂行匣，就是極粗木材做的、帶蓋能拉的木匣子，塗上點紅土子而已。後來稍加改良，換了薄馬口鐵塗上粗俗色彩，畫上幾朵劣花卉，讓南方朋友看了覺得皇皇帝都，細點裝潢，如此土裡土氣，實在太可笑了，殊不知這也是元人流傳下來的漠北遺風呢！後來有人把點心做成木頭模型一串串掛在店門口，算是以廣招徠，可是進餑餑舖買點心，誰會注意到毫不起眼的木頭幌子呢！

餑餑舖裡有三種比較特別的地方，第一是櫃臺外面的左右牆壁，畫的都是騎駱駝行圍射獵，或是在蒙古包裡吃烤肉喝奶茶的塞上風光。第二是放點心的大躺箱，據說最初餑餑舖用的箱子，外頭都包著一層帶毛的犛牛皮，點心放在箱裡可以防潮經久，不過到了清朝中葉滿漢點心增多，大躺箱也不罩牛皮了。第三是做點心用的烤爐，用鐵鍊子吊在房樑上垂下來，雖然用的也是木材炭火，可是架構另有技巧，升溫散熱都快。微火悶爐烤出來的糕餅，特別酥鬆適口。他們利用爐火餘燼，做出一種悶爐火燒，就著大醃蘿蔔吃，別有一種風味，是他們自己的吃食，向不外賣，除非跟櫃上有交情，否則這種美味，是不易吃到的。

元朝的餑餑以牛油爲主，到了明朝點心式樣增多，因爲豬油容易起酥，大部分改用豬油。到了清朝，除了滿洲點心都仍用奶油製作外，一般點心也全改用豬油了。

北平的餑餑舖是賣豬油的大主顧，餑餑舖做點心必定要用陳年豬油，除了現做現賣的小點心舖使用當年豬油外，一般餑餑舖都是用五年以上的，陳油有二三十年的，陳油烘烙的點心，有香味而無腥氣，用有光紙包起來，三五個月紙上不顯油跡。據本行人說：「五年以上陳油做的點心，冬天能放半年，夏天也能擱上兩個月不壞。餑餑舖的月餅，價碼要比一般點心加一成，就是因爲無論自來紅、自來白、提漿、酥皮、到口酥、蛋黃酥月餅，都得用豬油做，除非指明要素月餅，那才是小磨香油做的呢。照北方習俗，中秋節又叫團圓節，供月的月餅必須全家人都要吃得到，如果有出外經商求學的人，要用瓷罐子藏起來一些，留到他回家再吃。有些人過舊曆年才回家，那就要留上四個多月了，所以非用陳油不可。」這些話以我個人經驗，是絕非誇大之詞。

舍下北平寓所有一個跨院，院裡一邊一架藤蘿，春末夏初，矯夭糺繞，滿院凝綠，都是百年古木，據說藤蘿越老，著花越早，每年丁香花柔葩待放，舍間的藤蘿早已狂蜂戲蕊，翠虬垂紫，燦爛盈枝。這種應時細點講究搶先，西四牌樓有一老餑餑鋪叫蘭英齋，老早就盯上我家的藤蘿花，等藤蘿花能摘的時候，就來磨煩了，總要摘個百把斤才走，有時還要來摘個二回。有一次我到他櫃上拿火腿去定做火腿餅，櫃上爲了表示好感，又另外給我包了二十個新出爐酥皮藤蘿餅，說是櫃上用三十年陳豬油烙的，結果放在瓷罐子裡，足足過了大半年再吃，眞是沒發霉沒走油。可見陳豬油做的點心，可以經久，是一點也不假的。

賣豬油的作坊，大半都是湯鍋的副業。湯鍋舖集中東四牌樓神路街多福巷一帶，都是山東老鄉，他們把豬油熬好，倒在陶土掛釉的大罎裡，做上年月記號，就窖藏起來。有的院內寬敞，就在院裡搭起大敞棚，一缸一缸的埋起來了，祇露缸口密封，放若干年都不會壞。油越陳價錢越高，至於用什麼法子，可以讓油經久不壞，那是一行有一行的秘密，他們就不肯說啦。

滿洲點心的特色是不用豬油、牛油，而用奶油，餑餑舖所做眞正滿洲點心，自然是天郊廟祭的餑餑桌子了。所謂餑餑桌子，桌子算是祭器，跟元朝的大致相同，金漆鏤綠，丹雘交錯，分外講究，御賜的餑餑桌子，一層一層的堆起來，要有二十一層。餑餑舖的師傅們，沒有那麼高明手藝，祇好改由大內餑餑房的師傅們承製。至於後來民間喪祭，也時興用餑餑桌子當祭禮，餑餑舖可以做到十一層。所以民間弔祭送十一層的，算是最高極限了。

「薩其馬」、小炸食、勒得條、火紙筒都是滿洲點心比較特殊的。先拿薩其馬來說吧！眞正薩其馬有一種馨逸的乳香，黏不沾牙，軟不散碎，可以掰開往嘴裡送，不像臺灣市面賣巨型廣式薩其馬，又大又厚，拿在手裡，好像猴兒吃麻核桃，有不知道從那裡下嘴的感覺。有一種油炸硬梆梆的，吃的時候一不小心，能把胸膛蹭破。

「小炸食」，是清代祭堂子的主要克食，有小饅頭、小排叉、小蚌殼、螺絲殼、小花鼓，大概不同種類有十多種，都祇有拇指大小，完全用手工捏成。油足工細，是滿洲高級甜點，據說每種式樣，各有不同說詞，不過餑餑舖的人，已經說不上它的來龍去脈了。

「勒特條」，是滿洲人打獵時攜帶的一種乾糧，形狀像四方竹筷子一般粗細，祇有筷子一半長，用牛油蜂蜜和麵，壓得磁實，不脆不碎，順在箭壺夾層，或是揣在懷裡，既不佔地方，又不妨礙操作。止飢生津，其功效跟美軍戰時吃的濃縮乾糧效果一樣。到了民國進餑餑舖買勒得條的，祇有在旗的人士，一般年紀輕點兒的，不但沒見過，恐怕連聽都沒聽說過呢！

臺灣現在流行的鷄蛋捲，北平餑餑舖（北平叫「火紙筒」）也有得賣，分粗細兩種。粗的比拇指還粗，細的只有筷子那麼細，都用奶油烘製，酥脆香鬆。據說元朝人大病初癒，用茶泡奶吃，既可滋補，又能強身，後來因爲餑餑舖的包裝不理想，買回家全都碰碎，銷路自然而然的日漸萎縮了。

「缸烙」也是北平餑餑舖的特產，分毛邊不毛邊的兩種，北平早年習俗，遇上親友家有紅白事、嫁娶、作壽的份子比較輕，要誰家遭上白事，送份子就比喜壽事重了，至於誰家生小孩洗三、坐月子到彌月，似乎比送白事份子，更重了一些。送人添丁，彼此有深好交情，自然要金玉鎖片、鐲子、八仙人兒一類手飾；探望產婦也不外鷄蛋、小米、紅糖、掛麵，還有一樣必不可少的就是缸烙。據說產婦吃了缸烙，身體可以早點復元，不掉頭髮。餑餑舖恐怕貧寒人家花費太大，於是所做缸烙分毛邊、不毛邊兩種式樣。其實二種火候分毫不差，無非是給手頭緊的人打個小算盤而已。現在商場上整天喊商業道德，比較一下當年餑餑舖的作法，能不慚愧嗎？

「蜜供」，北平過年蜜供，也是必不可少的點綴，大致是天地桌、佛前供、灶王供；除了灶王供是三座外，其餘都是五座，而且天地桌佛前要是太矮小了，也顯著寒傖。過年處處要花錢，這幾堂蜜供，一口氣拿若干的錢，也實在不菲。餑餑舖爲了招徠顧客，於是發明上蜜供會分期付款。年初設立和摺，按月派人到府收取會款；過了祭灶，整堂蜜供，餑餑舖就派人挑送到家了。不管物價怎樣漲，上會的蜜供，絕不抽條短秤，所以北平人無論貧富都喜歡上蜜供會，到了過年，就不愁沒有蜜供敬天禮佛啦。

「鼓痾」也是一種餑餑舖賣的點心，不甜而微鹹，只有兩層皮，鼓鼓的上面，黏滿了白芝麻。蒙古人最怕小孩出天花水痘，蒙古大夫遇上這種症候，簡直束手無策。能夠留下滿臉大痲子，逃過鬼門關，已經是十分萬幸了。生病的小孩，到了漿乾痂落的時候，至親好友前去探望，總是到餑餑舖買點鼓痾帶去，說是起病，這種點心到了民國十年前後，因爲鮮爲人知，餑餑舖也就停爐不做了，再過幾年，這個名詞也自然趨於消滅了。

餑餑的點心分「手工貨」、「模子貨」兩種，像各式月餅，各種酥餅都屬於模子貨。例如薩其馬、勒得條以及正月應時的元宵，都是手工貨。大陸跟臺灣，不分南北都吃元宵，不過同樣是元宵，在正月家家餑餑舖都有元宵賣。正月一過，想吃元宵要等來年了。大陸南方跟臺灣一樣，立冬、冬至、上元燈節都可以吃元宵，而且都是用手包的，甜鹹皆備，比北平用簸籮搖的甜元宵要高明多啦。元宵南方有的地方叫湯糰，直魯豫各省都叫元宵。

袁項城由大總統，竊居帝位，改元洪憲的時候，他的寵臣楊度、雷震春等人爲逢迎主上，下令北平各餑餑舖（因爲元宵諧音袁消視爲不吉）一律改叫湯糰。各餑餑舖在槍桿淫威之下，那家不是凜遵勿違。偏偏前門大街最有名賣元宵的正明齋，過年時把歷年豎立在門口各種細餡元宵廣告牌掛出來。因爲年年如此，忘記把元宵字樣改爲湯糰，被警憲機關發現，藉詞故違政令，罰了大洋一百元整。等洪憲命終，恢復共和，過年時正明齋在門前不但搭了一座彩牌樓，還用小電燈泡攢成各式元宵四個大字，以資洩忿才出了這口怨氣。

抗戰勝利，筆者奉命于役東北，往北票參加沉泥掘窟工作，礦區被俄兵破壞的支離破碎，復舊工作，異常棘手，員工伙食雖然整天鷄鴨魚肉，可是割烹惡劣，而且骯髒到不能下箸的程度，筆者知道北票荒寒，又在劫後，伙食一定很差，於是在北平餑餑舖買了五六斤薩其馬，五六斤勒特條裝了兩餅干筒帶到北票，以備不時之需。中午在辦公室的一餐是錦州蘋果薩其馬，晚餐是自己動手炒鷄蛋夾燒餅，好在一個月出差平津一次，總要到餑餑舖買個二三十斤點心帶到東北去，後來餑餑舖可以用行匣寄遞，北票煤礦一月很照顧蘭英、毓美兩家各二三百斤，想不到我反而變成餑餑舖大主顧了。

我來臺灣在三十四年初夏，恐怕臺灣飲食不合口味，於是也帶了兩大罐北平餑餑舖的各式甜點心，權當補充食糧，彼時臺北除了有個綠園是福州飯館外，其他各省口味的飯館一個也沒有，小酌大宴都在蓬萊閣、大中華、上林花、小春園幾處酒家，因爲酒家去的次數多了，凡是有點名氣的酒女，都還熟識。家母舅喜歡逢場作戲，在每處酒家都收了幾個乾女兒。那時筆者跟家母舅同住一日式庭園巨宅，有一天酒家公休，一些相熟的酒女一起鬨，準備到我們寓所玩一整天。我藉詞要寫一個計畫，躲到圖書館去看書，等到傍晚回家，雖然客去人散，可是我那兩大罐子北平細點，被那些初嘗美味的酒小姐們吃得一乾二淨。我雖然斷了補充乾糧，可是酒小姐們吃了薩其馬始終念念不忘，以後見面楞是管我叫薩其馬，一直到民國四十年左右，偶或到酒家吃飯，還有人叫我薩其馬呢！

看了朱君毅寫的大陸去來，北平各種小吃已經絕跡，縱或碩果僅存，也都名存實亡。緬懷以往，把所知北平餑餑鋪的點滴寫出來，以示懷念。

金雞一唱萬家春

日月遞嬗，歲序更新，抓耳撓腮，猶豫多變的猴年，總算歷盡艱辛，安然捱過，歲次辛酉，又到了昴日星官值年當令了。

鷄是大嗓門，直往直來，有什麼說什麼，心裡不打爲鬼爲蜮的狗雜碎，吾人如果能夠盡其在我，發憤圖強，我想雄鷄一鳴天下白，燦爛輝煌的七十年代，就要來臨了。

當年在大陸，好久好久以前，就聽說嶺南閩西都有鬥鷄的遊戲，可是始終未見過是怎樣鬥法，來臺灣後有一年到斗六鎮公幹，在市場邊一個小飯館吃午飯，店裡的夥計們正談論飯後去看鬥鷄，我一打聽，在市場後邊有一古厝，下午三點有兩場鬥鷄，鬥鷄本不犯法，可是雙方鷄主跟觀戰的以大量金錢賭輸贏，警方就要取締了。

鬥場約有五坪大小，四週用三合板圍起來，雙方各把自己的雄鷄放在場上展示一番，雙方說好條件，把鷄放入鬥場，兩隻鬥鷄立刻挺冠振翼，矯悍狠鷙，有的繞場一匝，才你囓我啄互相拼鬥糾纏起來，三五回合羽拆蹠蹶，敗者垂頭疾走，勝者引頸高歌，算是一場激戰結束，因爲搏鬥火熾猛烈，比看鬥蛐蛐趣味又自不同。有位觀戰老先生說：「中國盛唐時期，就有鬥鷄之戲，開元時代明皇對於鬥鷄極感興趣，設立鷄坊，精選名種，派專人飼養教練，春秋佳日常以觀賞鬥鷄爲樂，最多時名禽異種多達五千餘隻，個個都是金毫鐵距，高冠昂尾，至於閩粵以暨南洋一帶鬥鷄之風還是從唐代輾轉留傳下來的呢！」

泰國鬥鷄之風很盛，鬥鷄台的佈置跟拳擊台一樣考究，比賽雙方要把自己的鷄，當衆過磅，屬於同一級重量，方准下場搏鬥，鷄喙是經過相當磨練的，其利如鉤，被他啄上一口，立刻皮破血流，在足距上都綁有鋒利無比的鋼刃，廝殺起來，不到一方落荒而逃，戰鬥是不會中止的。這種鬥鷄，食量很大，據說泰國鬥鷄來自老撾，一雙雄健鬥鷄，要比一般肉鷄貴上幾十倍，經過特別調教飼養，雖然所費不貲，可是也能給主人帶來無窮的財富呢！

北平的鄉風喜事的份子最輕，喪事份子略重，到了添丁進口份子就比較重了；據說是元代入主中原，就希望枝繁葉茂，所以份子特別從豐，產婦坐褥期間，親友除了致送小米、紅烙、鷄蛋、紅糖之外，還要送一隻九斤黃的老母鷄給產婦進補。所謂九斤黃，雖然沒有九斤重，可都是鄉間自由放在外間飼養，吃雜糧青蟲長大，足夠得上健強肥碩，比現在變種的土鷄要壯實多了。煨鷄湯要先把鷄頭去掉，說是可以卻風邪，煨出來的湯，上面一層鷄油足有銅錢那麼厚，要把鷄油撇清，才能給產婦喝，否則補得太厲害，產婦滿月就變成癡肥。九斤黃這個名詞，雖然還有人說，可是九斤黃的鷄可好久沒見過了。

北洋時期黑龍江督軍孟恩遠，最愛飼養奇禽異獸，他在卜魁督軍公署，蓋了一座小型動物園，園裡飼養了一對猛虎，所以取名虩園。他在綏芬河打獵，無意中得到一對「矮腳雪鷄」，冠琇似玉，羽白勝雪，兩腳長僅盈寸，絨毛毿毿，藏頭縮尾時，渾如一團毛球，據說暖比火棗，年老氣衰，和人參煨煮食之，嚴冬手足不冷，經他悉心餵養，居然繁殖到二三十隻。他還養有兩對長腳鷄，高達三尺跗蹠粗壯，金距健脛，騰踔蹬蹀，有如沖天攝虛，孟恩遠到離任時，送給北寧路局長常薩棘飼養，常的族叔患有軟腳病，有人告訴他用付子乾薑煨長腳鷄吃可以治癒，常的令叔吃了四隻長腳鷄之後，果然扶杖而行，可是長腳鷄，是鷄的異種，可遇而不可求的，從此再沒聽說何處有長腳鷄出現，大概絕了種啦！

去年高雄屏東地帶很盛行吃珍珠鷄，記得早年三貝子花園養有幾隻珍珠鷄，頭部有點像火鷄，灰毛白點，有類披了一件珍珠衫，整天縮頭跧足，異常馴順可愛，想不到一般老饕腦筋動到牠的頭上來了。聽老饕們談，冬天吃燒酒鷄，鷄最好用珍珠鷄，酒用米酒頭，不但肉嫩味厚，有類塞上駝蹄，而且溫補暖冬，勝過香肉，可惜我雖好啖，可是稀奇古怪，很少入口，所以到現在還未一嚐美味。

屏東長治鄉住有一位屏東農專畜牧系畢業的彭君，在來亨、蘆花、洛島紅幾種洋鷄在臺灣推廣的時候，因爲屏東氣候乾燥，加上他飼養得法，很發了點小財，他鑑於珍珠鷄看好，於是大量繁殖珍珠雛鷄。有位印尼友人送了他一長尾鷄，他開始飼養時尾長不過兩尺左右，後來鷄越長越大，尾巴越長越長，足足有五尺以上，平地已經不便行走，於是他給牠們做了幾座枯枝櫸木的丁字架，地上舖滿細沙土，並搭了一座峰巒森聳，厓岫嵯峨的假山，以供棲息，不到兩年他的金鷄園裡的長尾鷄多達四五十隻，每當天氣澄和，隻隻長尾鷄兀立丁字架剔翎展翅，迴舞追逐，比起孔雀開屏的斐韡奐爛，也未遑多讓呢！

先祖母當年在廣州時候，有位名醫丁中和給了一個秘方，母鷄一隻去頭，用高粱酒八兩，加枸杞子一兩，稍加薑葱去腥燉湯飲，常吃可治冬季手足冰冷。筆者幼年常侍先祖母就餐，桌上時常有這味鷄酒，漿露湛美，青辛怡人，後來廣東酒家，也有用鷄酒號召食客的，可是嚌啜其味，淡而無味，跟我家的鷄酒，就完全兩樣了。

最近營養專們，根據營養分析發現，牛肉、豬肉、鷄肉三種肉類的蛋白質相同。但是脂肪含量，卻大有差異，一兩瘦豬肉熱量有一萬四千卡洛里，五花肉高達兩萬卡洛里，牛肉的卡洛里，雖然比豬肉稍低，但也少得有限，而一兩鷄肉只有五千卡洛里，僅及豬肉三分之一，甚至四分之一，如果選擇肉食種類來說，應當多吃鷄肉。舍下家傳有一道菜，芹菜（舊名楚癸）燒子鷄，把水芹掐去葉子，切二寸段，子鷄紅燒八成熟下芹菜同燒，腴而能爽，瑟勃微甘，是一道宜飯宜酒的美肴。當年北平四大名醫的蕭龍友、孔伯華對這道菜都極爲讚賞，他們認爲老人無論胖瘦，均忌肥濃，可是終日素食，又慮營養不足，芹菜功能卻煩熱，益以卡洛里低，蛋白質低的子鷄同煮，是老年的食補無尙妙品。臺灣水芹肥碩大家不妨用它燉一隻鷄來嘗嘗。

吳佩孚驍將胡笠僧（景翼）本來好啖食量又大，自從吳佩孚發覺他貳心，把他軟禁斗室，天天給他豬油拌飯吃後，雖經釋出已變癡肥，有一次北平商會會長王文典請他在濟南春吃飯，有一道菜是紙包鷄，胡吃東西一向狼呑虎嚥，他毫不猶豫連紙帶鷄吃下肚去。一些陪客看主客如此吃法，誰也不敢打開紙包，衹好囫圇呑下。後來濟南春恐怕再有魯莽吃客，於是把鷄炸好再用米紙包好上桌，賓主省事皆大歡喜，這也是一樁吃鷄的趣聞。

最近無論南北口味的飯館，都有一道菜叫三杯鷄，有人說是福州菜，有人說是河南菜，其實道道地地是光緒丙子恩科狀元曹鴻勳研究出來奉養怡親的，曹是山東濰縣人，這道菜當然要算是山東菜了。

雞包翅是舍下庖人劉文彬一道拿手菜，他這道菜，是選用肥碩的老母雞來去骨，土雞的皮比現在洋種雞柔韌厚潤，所以拆骨時，稍微懂得點技巧，就能把雞翅膀雞腿完完整整的褪下來。排翅太長不容易塞實，最好是用小荷包翅。魚翅先用鮑魚火腿干貝煨爛，再塞入雞肚子裡，用細海帶絲縫好，免得漏汁減味，另加去過油的雞湯，用文火清燉，約一小時用圓瓷盤子盛好上桌，恍如一輪大月，潤氣蒸煮，淸醇味正，腴不膩人。當年江蘇名宿韓紫石先生吃了這道菜，他認爲旣好看又好吃，如果仍然叫它雞包翅未免愧對佳餚，此菜登席薦餐，有同甌捧素魄，不如叫它千里嬋娟吧！這道菜經韓紫老品評後，在蘇北很出過幾年風頭呢。

江南老畫師陳牛丁先攻翎毛，後擅花卉，他說畫雞難，畫峨冠金距的雄雞的正面更難，雞的冠首狹仄，走筆不小心一下子能把冠、眼、喙，三者畫得混淆不淸了。畫雞雄雞須得其神，雌者要狀其愛，幼雛應畫其姿。梅蘭芳學畫，山水、人物、翎毛、花卉各有師承，畫雞是經過陳牛丁細心指點的，羅癭公黃秋岳兩人認爲找蘭芳畫畫，工筆的文殊像，寫意的無量壽佛，都不難求，可是請他畫一幅工筆的雞，可就不一定如響斯應了。

民國八年仲冬袁寒雲應張謇之邀，赴南通彩舋幾天，先跟小榮祥演了一齣「折柳」，又跟歐陽予倩合演「審頭」「佳期」。梅蘭芳新排洛神，張季直認爲如果讓寒雲飾曹子建，那簡直是絕配，可是他怕碰袁二公子的釘子，於是託由蘭芳親自懇商。寒雲一向自視甚高，認爲才華足與曹子建相埒，又嘗自比陳思王，但是他爲了沈壽事，很代沈壽的丈夫余冰人不平，他認爲蘭芳演洛神請他爨演曹子建，絕非出自蘭芳本意，幕後定有主使人，所以託詞即將北上加以婉拒。蘭芳人極溫厚，後來知道了內情，自動畫了一幅工筆條幅竹鷄送給寒雲，這幅畫不但是蘭芳精心之作，而且所用硃砂、石青、石綠都是得自內廷的御用極品，寒雲得到這幅竹鷄，特地作了一首七絕，題在畫上：「行思畫重宣和譜，千載梅家又見君，雄漢雌秦超象外，漫持翠帚拂青雲。」並且加註：宣和畫譜：「梅行思畫鷄最工，號爲梅家鷄。」跋後又蓋上他最心愛一方「佛弟子袁克文一心供養」佛印，列入珍藏。今年欣逢昴日星君值年，所以特地把這段故事寫出來。

筆者在中國去過的省份也不算少，除了北平二閘東邊有個太陽宮供奉太陽跟昴日星君外，恐怕再也找不到供奉昴日星君的廟宇了。二月初二是昴日星君誕辰，太陽宮開廟會一天，東南城仕女，都去燒香頂禮，一時履舄交錯，弦管嘈雜，比一般廟會還要熱鬧。據老人們說，凡是二月初二到太陽宮進過香，可以保佑眼不花耳不聾一直到老。

香客進香除了自備香燭外，還要買一份太陽糕去上供，這種太陽糕，糕餅點心舖都不承應，是蒸鍋舖獨家生意，太陽糕五塊一疊，每塊約有銀元大小，一咬一掉麵兒，微帶甜味。最妙的是每一叢太陽糕，揷一竹籤子頂上揑著一個五彩繽紛的大公鷄，有的手藝高明，捏出來的雄鷄，神采飛揚，栩栩如生，等到撤供回家，把太陽糕用水稀釋，給老年人當糕乾吃，說是可以明目。至於竹籤上顧盼曄然的雄鷄，則揷在牆縫或是窗戶台上，說是雄鷄坐鎮，百毒不侵，雖然是農業社會的迷信，現在回想起來，倒也其味無窮呢！

今年是酉鷄當令，美容大師早就研究出在鷄形臉譜上動腦筋啦，他們把嬌艷的色彩塗在下眼部位，從眼角由濃而淡畫到眼尾，並且向上微翹，化粧成單眼皮一雙神秘鳳眼，說是鷄年東方魅力臉譜，服裝設計師又把胸針、項鍊、髮飾都加上斎采奪目的羽飾來點綴鷄年。前天筆者在國賓飯店一處酒會裡，看見一位秀逸無倫的閨秀，身御豹皮外氅，豹皮手籠，頭戴一頂豹皮帽子腦後揷著一對一尺多長白色斑斕的雉尾，文金高髻，翛然出塵，異常別致惹眼。古人說雄鷄一鳴天下白，鷄是不屈不撓，發憤圖強的象徵，希望風雨如晦鷄鳴不已，歲次重光，作噩，我們舉國上下都能有一番新精神新氣象。

老湯驢肉開鍋香

前幾天有朋友告訴我，在臺北永和竹林路，有家北方人開的小飯館叫來來順，有驢肉賣，做法分滷煮椒鹽兩種，驢肉是從北美直接進口的，每天能賣一百多斤，每斤四百元，顧客以直魯豫三省人士較多，希望我去嘗試一番。談到驢肉，北方的人對驢肉都有特嗜，尤其魯東各縣更爲流行。

當年北平有一種揹著木頭櫃子，沿街叫賣熟肉的小販，分「紅櫃子」「白櫃子」兩種，紅櫃子專賣豬肉臟、豬下水，附帶醱麵小火燒、煮鷄子（北方管鷄蛋叫鷄子兒），木櫃漆得紅如渥丹，所以叫紅櫃子。賣羊頭肉、五香牛肉、椒鹽驢肉，都屬於白驢肉，聽老一輩兒的人說賣羊頭肉、五香牛肉所用的櫃子，都是白碴木頭不上漆，所以叫白櫃子。至於賣驢肉的，雖然也屬於白櫃子一行，可是驢肉總歸不算一種正常肉食，所以祇能用籐條編的筐子，而且掌燈後才准上街叫賣，到了北洋政府，軍閥當權時期，嗜食驢肉者多，湯鍋裡天天有驢肉賣，而沿街叫賣小販卜晝卜夜，就不完全夜行了。

據此中饕餮們談：「驢肉比牛肉味道香腴，含熱量高，肉的纖維細而無筋，冬季吃驢肉可以暖肚防寒。」北平賣驢肉的還附帶賣驢腎，一律盤在筐底，有主顧買，才拿出來切，因爲切出來像銅錢，因此叫「錢兒肉」，切時多採斜切，故此又叫「斜切」。有一廣西百色姓廖的朋友，最喜歡吃些稀奇古怪的東西，有一年到北平來探親，聽說北平有湯驢肉可吃，輾轉打聽到天橋西市場，有一家竹樓茶館，樓下象棋，二樓圍棋，要吃驢肉請登三樓。三樓不過十多個座頭，把五毛錢放在桌中間，另再放兩毛錢在右手邊，夥計就會心照不宣帶您下樓到湯鍋店裡去指什麼地方，割什麼地方，然後下鍋烹炒。因爲當年官廳所謂段兒上的，就是警察派出所，對於天橋一帶魚龍混雜，管理特嚴，驢肉可以大明大擺的叫賣，可是湯驢，就爲法所不許了。廖君並不一定喜歡吃驢肉，只好奇而已，可是看了湯驢作坊慘不忍睹的過程，連竹樓也沒敢回，就揚長而去了。

山東濰縣諸城，平素祇賣豬肉朝天鍋，一交立冬，就有所謂牛肉老鍋、驢肉老鍋上市了，當地人叫老鍋，其實就是原湯原味。老鍋容量，都是深而且大，最少也能燉上二三十斤淨肉，鍋台前擺滿了長條凳，鍋內煮的是肥瘦兼備牛肉或驢肉，油潤潤、香噴噴、熱騰騰的，眞有引得人聞香下馬，知味停車的感受，鍋前擺滿了瓶瓶罐罐，酸鹹麻辣五味俱全，任客自取，鍋邊四圍煨著醱麵火燒，讓肉湯隨時浸潤著，肉要偏肥偏瘦，湯要油大油小祇要關照掌杓的一聲，無不照主顧的嗜好，盛好送到面前，讓您大快朵頤。有些趕集的朋友，甚至於帶一瓦罐老湯回去，當年清史館館長柯劭忞認爲驢肉老湯，加大白菜、豆腐、粉條，做成的大鍋菜比吃什麼上食珍味，都來得好吃落胃。

北方鄉間有若干地方是不吃牛肉的，在朔風凜冽的冬天，有些富貴人家，做一大鍋驢肉粉絲白菜，再做幾個肉丸子擱在鍋裡同煮，請家中雇工吃頓犒勞，讓他們興高采烈，狼吞虎嚥大吃一頓，第二天的工作必定是特別起勁，而且出活那都是老湯驢肉的魔力呢！

青島早年名票李宗義，老生老旦戲都不錯（後來下海），他在青島有一次堂會戲上，有一齣青石山飾演呂洞賓接劍斬狐唱砸了，他跟人打聽，說是北平老生裡扎金奎對這齣戲有獨到之處，而且能把這齣戲的龕瓤子嗩吶唱得特別夠味。他於是不惜重金到北平禮聘扎金奎到青島來給他仔細說說，他們相處兩個月非常融洽，扎要買一根濰縣名產嵌銀絲手杖，他順便陪扎到濰縣去買，有一天走累了，偶然吃了一次驢肉朝天鍋，幾兩白乾，驢肉老湯泡火燒，把個扎金奎吃得津津有味，認爲這是天下第一美味。回到北平，逢人誇讚，後來逗得毛盛戎（毛世來三哥唱花臉給世來管事）攛掇毛世來到青島唱了一期營業戲，回到北平，毛三說：「這趟青島收入雖不怎樣，可是老湯驢肉泡火燒可啃足了。」後來北平梨園行朋友到了山東都要嘗嘗老湯驢肉。現在永和的來來順有驢肉買，不知道梨園行有那幾位愛吃驢肉的朋友嘗過鮮了。

楊花滾滾吃新蚶

當年在上海高長興喝老酒，最喜歡叫一客熗蚶子來下酒，他家熗蚶子，不但洗刷得乾淨，而且薑絨擦得細，胡椒辣且勻，醬油更是上品秋抽，可以說味盡東南之美。

來到臺灣每逢跟江浙朋友在市樓酤飲幾杯，提到下酒的熗蚶子，輒生蓴羹鱸膾之思，因爲大家都聽說臺灣的蚶子，有些是半人工養殖的，弄不巧碰到有吸血蟲，對於健康有莫大影響，所以大家誰也不敢輕於嘗試。

蚶，是一種生長於近岸淺海的貝介動物，它的外表最大特色，是滿佈放射狀的整齊溝紋，所以又叫「瓦楞子」（殼可以入藥）。從杭州灣到大陳島一帶都出產蚶子，據說以寧波蚶子最爲鮮嫩肥美，上海紹寧館所賣的蚶子，都說是寧波來的，老饕們一看，就知道是否寧波蚶子了，據說凡是寧波出產的蚶子，貝殼上的瓦楞，不多不少恰恰十八條，如果冒牌貨，瓦楞條數，或多或少就不一定了。

蚶子大致可分爲三種，即「魁蚶」、「毛蚶」、和「泥蚶」，其中以「魁蚶」的體積最大，最大的有四寸，簡直比大青蛤還大，據說是浙東的特產，也是由半人工培育出來的。後來福建莆田人孫士毅學到了一套養殖方法，在莆田東海開闢了一塊蚶田廣袤達百餘頃，他家魁蚶後來能行銷到南洋一帶，頗受歡迎，他也從此致富。現在到新加坡大排檔吃魁蚶，還是觀光客到新加坡必定一嘗的項目呢！

「毛蚶」大小適中，外殼黑褐色，瓦楞不甚顯明，附有茸毛，很難除去，雖不美觀，但極鮮嫩，韓國平壤附近的鎮南浦海口出產一種長毛蚶，據中醫孔伯華說：「這種長毛蚶是蚶中珍品，婦人血虧血崩拿這種長毛蚶燉當歸，服後止崩益血功效神速。」可惜這種長毛蚶極爲稀有，凡有這種病患，大多緩不濟急，當年祇有詩人陳曾壽夫人突然得了血崩症，碰巧韓國朋友送他一簍鎮南浦的長毛蚶還沒拿來下酒，孔伯華給她一古腦兒處方入藥，半月之後，健復如常。這件病例列入孔伯華的不龜手盧隨錄諒來是不會假的。後來北平天一堂，在玉潭淵買了一片池塘，來養長毛蚶，凡是得了崩症的，大夫介紹到天一堂抓藥，就是因爲他家養有長毛蚶的緣故。

「泥蚶」體積最小，殼長僅有四五厘米，因爲它喜歡鑽在海底泥沙中，攝取泥裡微生物及腐朽植物爲營養，所以殼內含沙較多，必須先用清水養上兩天，等它吐淨泥沙，方可烹食。當年上海聞人王曉籟最喜歡吃泥蚶，他說呷粥吃飯均宜，他兒女衆多常常跟人開玩笑說，這就是他多吃泥蚶的成績，雖然是句笑談，蚶的營養成份的確是很高的呢！

蚶類華南沿海都有出產，而廣東潮州赤灣一帶出產一種「銀蚶」外表色白，肉更肥嫩，在香港大點的酒樓就可以吃到銀蚶了。「血蚶」在泰國「錫勤差」出產一種血蚶，體積介乎魁蚶毛蚶之間，肉滿膏肥，血髓充盈，當地有一家餐館他家名菜就是熗活蚶，凡是去帕特雅海濱度假，經過錫勤差這家小館的，知味停車，都要叫一客熗活蚶喝兩杯泰國白蘭地，再繼續前進。他的血蚶，有魚戶逐日供應，都是吐過沙的，做法極爲簡單，把蚶洗淨，以竹箕盛好，架在盆上，用開水一淋，蚶殼微張，加上魚家薑絨胡椒粉再擠幾滴檸檬汁，血仍殷紅，立刻剝而食之，的確鮮美異常，這跟江浙人愛吃的醉蚶，用老酒醃透，略加豆豉的吃法，可謂風味各殊，別創一格。

廣東潮汕一帶盛產蚶蠔，所以潮州飯館，對於蚶蠔烹調方法，也就花樣百出，他們用砂煲把粉絲加蟹肉寬湯煨好，然後舖上血蚶，一熱起鍋不但粉絲香腴饌人，血蚶白衣赤實，更是瓊瑤味美，嗜海鮮而吃過潮州活蚶的人，提起這道菜來，大概都有蓴羹鱸膾之思吧！

泰國曼谷基督教醫院，有一食品營養化驗小組，據他們說：「蚶肉含有百分之十六蛋白質，少量脂肪，灰份，糖及維他命AB，性味甘鹹而溫，有補血，溫中，健胃，除煩醒酒，破結，化痰等功效。」這與中段說法，不謀而合，惟濕熱重的人，不宜多吃，臺灣蚵蠔甚多，而蚶較少且不夠肥，故友許竺君家住海寧從小吃慣了醉蚶，臺灣蚶子他不敢吃，每個月要去一趟香港，半爲業務半爲大啖銀蚶解饒，所以朋友們送給他一個蚶子大王雅號，他受之不辭，現在楊花滾滾在大陸上又是吃肥蚶時候了，回想當年在上海幾家酒店賭老酒吃醉蚶情景，歷歷如在目前，可是屈指算來，已經是半世紀以前的事了。

從梁壽談到北平的盒子菜

民國七十年元月十三日（庚申年臘月初八）是梁實秋先生八旬正慶，張起鈞教授在臘八清晨，特地在他的府上，邀集同好，共啜佛佛粥，並約筆者參加，同申慶祝。碰巧筆者正準備到東南亞旅遊，整天為領護照、辦簽證、打防疫針忙得暈頭轉向，所以如此別致的雅集，未能躬逢其盛，歉疚悵惘兼而有之。事後聽說那天一共到了八個神仙，其中還有一位何仙姑，八仙慶壽，眞是一次群仙畢集的盛會。

啜粥之餘，陳紀瀅兄談到北平獨有的饌食「盒子菜」。當年北平賣豬肉的叫豬肉槓，賣羊肉的叫羊肉床子，何以有槓床之分？現在已經沒有人說得出來龍去脈了。豬肉槓除了賣生肉下水而外，有的還賣醬燻滷烤肉類熟食，有的還賣整隻烤鴨燒豬薰對蝦薰鷄子，又叫做醬肘子鋪。在北平住宅密集地區三幾條胡同，必定有家羊肉床子，距離不遠必定有個豬肉槓；還有一家菜魁外帶油鹽店。假如家裡來了不速之客，預備酒飯，一時措手不及，祇有叫個盒子菜，請客人吃薄餅，醬肘子鋪隨時都能供應。盒子菜花色最齊全，貨色最細膩，首推北城煙袋斜街的慶雲齋，據說是內務府一位姓毓的買賣。內務府的員司都經常照顧他，不但口味醇正，而且刀工精細，一揭盒蓋就令人覺得色香味雅，有耳目一新的感覺。

北平內二區警察署長殷煥然，是道地北平土住，也是小吃名家，據他說：「他家從前就是開醬肘子鋪的，盒子菜是滿清定鼎中原才開始的。滿洲人在東北到了秋末冬初，都喜歡行園射獵活動活動筋骨，為了獵狩方便，多半是烙幾張餅捲上一些薰滷熟食，揣在懷裡走進深山挖參打獵了。自從清兵進關奠都燕京，在飲食方面，仍保留一些舊日習慣，幾經演變就成爲現在的盒子菜了。」

談到盒子菜除了北城的慶雲齋外，東城以八面槽的寶華齋最有名，連久居北平歐美人士都會到寶華齋叫個盒子菜吃，西城以西單牌樓的泰和坊，天福最出色，老北平沒有不知道天福醬肘子特別爛而入味的，南城的便宜坊除了燒鴨子外，盒子菜也不錯，因為他家設有雅座，可以宴客，當年官場中訪客，恐怕招搖，則有不願在莊館酬賓，所以便宜坊就變成絕妙小酌的地方啦。另外一家專賣盒子菜的距離慶雲齋不遠叫晉寶齋。

故友莫敬一、世哲生二位，除了喜歡票票戲外，哥倆沒事就尋摸小館喝兩盅聊天解悶，晉寶齋就是他們兩位無心中發現不時光顧的地方。據說這是北平最古老的醬肘子鋪了，他家的盒子菜，漆盒尺寸比一般盒子大而且高，式樣典雅，菜格九份，畫的都是紫塞風光，無垠大漠，調鷹縱犬，馳馬試箭，跟一般盒子上畫的龍紋鳳綵、福壽吉祥完全大異其趣，莫老說：「這家醬肘子舖經他考證，是元代至正年間開設的。」照漆盒上古色古香油漆彩畫，可能不假。

晉寶齋靠近煙袋斜街的寸園，寸園是張香濤的別墅，厚琬厚瑰昆季抗戰之前，一直都住在寸園，每年正月他家有文酒之會，假如最後菜不夠吃，總是讓晉寶齋送個盒子菜來吃春餅。晉寶齋的東家叫「伊克楞克」，當然是蒙古人了，厚琬先生說：「最初他家的盒子菜裡材料，全是牛羊肉，是北京城獨一份兒牛羊肉的盒子菜，後來入鄉隨俗，慢慢才改得跟一般盒子菜的花色差不多了，不過中間主格像虎皮鴿蛋，又像炸迷你蝦球，實際酥炸牛睪丸，是他們特有的拿手菜，遇有熟主顧叫盒子菜，偶或還露一手，另一方面也是免得數典忘祖，表示永遠不忘本源的意思。」

薰雁翅（就是薰大排骨）本來是西單天福醬肘子舖最拿手，晉寶齋的薰雁翅則別具一格，是內掌櫃的特製品，薰的火候味道鹹淡都恰到好處。他家賣的叫拆碎薰雁翅，不知是那位前人留下的規矩，薰雁翅不能上盒子菜，所以他家薰雁翅，都是用盤子裝好另上，後來索性變成他家的敬菜了，薰雁翅一上桌大家總是吃一半留一半，拿到廚房加豆嘴黃醬一炒等吃完餅，當粥菜，就玉米糝粥來吃，翠豆紅絲，色鮮味美，堪稱粥品中一絕。

齊如老在北平有一個時期，除了聽聽小科班，就是吃吃小館，他跟一位湖北朋友徐漢升對六九城的盒子菜品嘗殆遍。陳紀瀅兄說：「如老對盒子菜典故知道最多。」那是一點不假的，據如老品評，醬小蛤蟆（里肌肉核醬後，揷上一隻鷄腿骨），天福推第一。打磨廠芝蘭齋的醬小肚味醇質爛入口即溶，爲別家所不及。舊鼓樓大街寶元齋素砂香腸爽口不膩，佐粥最妙。前外新闢路有一家六芳齋是南京人開的，有南京小肚，琵琶鴨子，盒子菜的菜樣增添到十七樣有臉有脯，魚蝦並陳，酒飯兩宜，簡直是一桌南北交溶的和菜了。這些都是如老品嘗後知味之言。

有一天我們在華樂園聽富連成夜戲，碰巧跟齊如、徐漢升同座，他們剛從六芳齋來，徐漢升覺得他家盒子菜，肥腯芳鮮，皆屬妙饌，我問漢老吃過晉寶齋的盒子菜了沒有？遠在十刹海小胡同裡的盒子舖，齊、徐兩老，自然不會光顧到了。經我一說，他們二位居然特地去吃了一次，齊如老對晉寶齋下了八個字的評語：「醇正昌博易牙難傳」。抗戰勝利之後有位南方朋友，聽說盒子菜裡有酥炸牛睪丸，打算去嘗嘗，我這識途老馬，自然嚮導東道，可是在煙袋斜街走過來走過去，就是找不到晉寶齋了。最後跟附近的一家煙兒舖打聽，晉寶齋早已關門歇業，連舖底都倒給人家開五金行啦。

去年有一位美籍朱君毅先生赴大陸探親，在大陸各地逛了一個多月，回到美國寫了一篇大陸去來。其中有一段他說：「像梁實秋和唐魯孫筆下的那種吃法，即使在夢中也找不到囉！」雖然是短短一句普通話，照此推想，則將來回到北平，盒子菜恐怕眞正成爲歷史上的名詞啦。

漫談紹興老酒

前幾天跟幾位朋友在一個四川館美潔廉小酌，在中有陸奉初先生，陸老久宦京師，年登八耋，當然大陸各省佳釀，無不備嘗，忽然提出一個問題來，他聽人說紹興酒存貯兩年的最好喝，年代太久香頭就差了，他藏有十幾年前埔里酒廠紹興酒，問我還能不能喝？我說：「紹興的特色是越陳越香久藏不壞，如果輾轉更換容器，可能有沉澱現象，用細紗布過濾，到適度來喝，我保證比市售的陳年花雕，還要來得香醇適口，在大陸產地紹興，大家都說吃老酒而不名，您就可以思過半矣。」因爲喝紹興酒大家就談到紹興酒的來源。

依據吳越春秋記載，早在兩千多年以前，越王勾踐曾釀美酒以獻吳王，傳說伍子胥的軍隊，得之狂飲，積罈成山；如今紹興城南的「投醪河」，就是因此而得名的。南朝梁元帝在他著述中也談到，他年輕讀書時，身邊「有銀甌一枚貯山除甜酒」可見紹興酒在一千四百多年以前，就進入貢品行列了。宋代著名詩人陸放翁，晚年家居山除不離詩酒，稱「故鄉無處不家」足見紹興的釀酒，在宋代已經十分發達了。

紹興老酒是用精白糯米麥麵和鑑湖水釀造而成的，俗語說：「名酒出處，必有名泉」，鑑湖水源自會稽山區，經岩層和沙礫過濾淨化，水色澄清，並含有微量礦物質，極其適宜釀酒。（菸酒公賣局所屬板橋，臺中，埔里，花蓮四個酒廠都製產紹興酒，可是若干年來，中外各界品評結果，仍以埔里酒廠產品，口碑最佳，自然製酒的技術經驗，各有不同，而埔里酒廠有一口澄明芳冽的井水，也是主要原因。）但光有甘沁良泉，還要有卓越技藝經驗老師傅辛勤操作，控制時宜，能釀出色香味出衆的紹興酒來。

紹興酒因爲釀造方法不同，在品種上，於是有狀元紅，女兒紅，竹葉青，太雕，花雕，善釀，香雪，加飯之分。竹葉青色淺味淡，溫淳清馨，當年杭州的碧壺春，就是以竹葉青馳名遠近。至於山西的白酒的竹葉青，嘉義酒廠白乾底子的竹葉青，前者是抗戰勝利之後，後者是民國六十幾年，才大行其道的。筆者淺酒，當年在大陸還沒喝過白酒底子的竹葉青呢！加飯酒這個名詞，在臺灣的飲君子，或許聽來耳生，其實那是紹興酒中最出色的一種，加飯是釀製紹興時，在一定水系比例之外，再加糯米飯加工釀成，加飯酒質地特別醇厚，味甘可口。

有些外國朋友到臺灣來觀光，認爲我們有幾種酒，的確香醇甘冽在水準以上，可惜有些水果蒸餾酒，研究得還不到家，他們喝起來覺得還不十分習慣，我想臺灣各釀造紹興酒的酒廠，不必標新立異，好好研究……，能夠釀製出竹葉青、加飯一類酒品，不但可以減少紹興酒生產壓力，對於增加收益方面，可能也不無助益，同席各位朋友都表贊同，我想此舉既不需大量增加資本支出，國庫又能增加收益，菸酒公賣局方面，又何樂而不爲呢！如荷採納，我想我們不久的將來可能就會有新品竹葉青加飯酒來喝了。

讀「烹調原理」後零拾

最近拜讀張起鈞教授所著「烹調原理」一書，書裡區分烹、調、配、餘，四大類別，同時把食品的色、香、形、觸、味，分條析理，推陳創新，又經梁實秋先生於三月廿六日本報聯副寫了一篇「烹調原理」讀後，抒讀之下，不禁饞興大發，少時捭豕燔黍，烹鳩炙鵝的情懷，又都一一湧向心頭。

筆者從十幾歲起，就最愛吃勝芳的大螃蟹，在中秋節後，遇有連著兩三天假期，能夠不辭勞瘁遠征勝芳大啖一番。勝芳是津沽附近一個水鄉，高粱飽滿，碧水凝香，同時芳草成茵，溪岸幽香，因爲山靈水秀，傳說勝芳楊柳青一帶，每年還要產生一位妙齡秀髮的大美人兒。於是每到夏末秋初，總有些軍閥豪富名流鉅賈，派出專人秘探，或明或暗來此選美訪艷，在這一段時間裡，或眩於色，或忙於吃，倒也給這景物幽勝的水鄉平添不少綺麗的風光。

北平正陽樓的調貨高手，勝芳跑得最勤，也眞肯下功夫，每年秋涼螃蟹開秤之前，經要跑上幾趟勝芳，先跟當地有頭有臉魚行大老板套交情，打打交道，等盤子談妥，祇要每天從天津開北平的魚貨火車，一開進東車站，總是正陽樓調貨手先上車把頭水貨挑夠了，然後才把一簍一簍的螃蟹運到市上開秤呢！因此那位想吃，又好又新鮮的大螃蟹，祇有去正陽樓才能吃個痛快。

螃蟹又分下缸不下缸兩種，不下缸螃蟹是開簍不解草繩就上籠來蒸，蟹肉甜鮮而滑。下缸螃蟹就是靠高粱穀糠塞緊餵足蛋黃的螃蟹了，蟹肉雖然依舊堅實，可是甜鮮滋味，就未免比前者稍遜了，這是一位崇文門牙行朋友吃螃蟹經驗之談，想來頗有幾分道理，不是隨便亂蓋的。

廣東菜，魚蝦要生猛，蔬菜要爽脆，凡是素炒的青菜，芥蘭也好，油菜也罷，雖不整棵，也要撕成整縷，放在菜盤四圍，飽飫肥魚大肉之後，座客爲見碧油油的青菜，誰都想夾一兩箸子來換換品味。假如您年事長稍齒牙兀䶤，青菜入口，那可就慘啦，吞既不下，嚥又不能，一個勁兒在喀喇嗉裡上下拉鋸，那種尷尬情形，祇有當之者才能體會得出來。我想經過梁教授妙筆點染，凡是求好向上的粤菜酒樓，今後或能知所改進吧！

獅子頭可稱是揚鎭名菜，他們本地人不叫獅子頭而叫劖肉，家庭婦女做的劖肉，各有專長，比起飯館做的那要高明多了。做獅子頭講究可多啦，什麼肉選肋條，細切粗斬，三肥七瘦……等等，總之無論怎麼說，我們外地人吃起來雖然欣賞它的滑香鮮嫩，可是總覺稍嫌厚膩（尤其是白燒），照營養學來說，對中年以上的人肥腴的肉食，總是不太相宜的。最近有位老饕朋友研究出，做獅子頭除了用青菜墊底外（有人用白菜墊底，劖肉會發竣不足爲馴），中間加墊幾隻鷄腳，現在肉鷄的鷄腳，腴而且嫩，既吸油脂，復饜菜香，獅子頭是一道宜飯而不宜酒的菜肴，有了博碩肥腯的鷄腳來啃啃，不就酒飯兩宜了嗎。喜飫獅子頭而又怕肥滿的朋友，不妨試做一次來嘗嘗。

提到爆肚，又要令人垂涎三尺了，來到臺灣三十年，無論油爆、鹽爆、水爆都違別久矣，前兩年在一個北方館爲見牆上貼著新添水爆肚兒，結果端上來一碗黑呼呼的，敢情是牛百葉，本來臺灣沒有西口大尾巴羊，祇有迷你型的小山羊，羊肚自然是小而且薄，那還談得上什麼去草牙子，分出肚頭、肚仁、肚板、葫蘆一類名堂，當然更談不上什麼油爆肚仁，鹽爆肚條啦。

臺灣川湘飯館雖然時興炒辣子鷄、宮保鷄、左宗棠鷄……可是就沒吃過碎溜筍鷄。嫩的小鷄北平叫牠筍鷄，爲什麼不叫「嫩」叫「小」而筍至今我還攪不清楚，從前北平市橋濟南春碎溜筍鷄火候拿捏得恰到好處，嫩不見血，也絕不塞牙，汁兒掛得勻而不滯。現在臺灣飼養的不是雜種鷄，就是肉鷄，想找一隻純種土鷄煨點鷄湯喝，已經不十分容易，十之八九都是串秧兒的鷄，想吃一隻碎溜筍鷄，就是大師傅有這份手藝小筍鷄上那兒去找呀！

談到包餃子，從北到南，飯館做的餃子，無論餃子餡，餃子的包法，都沒有家庭包的餃子味道好，式樣順眼，有人說餃子好是薄皮大餡油水足，那是當年在大陸一般賣力氣朋友解饞的說法，不過餃子不能個兒太大倒是眞的，以一口一個爲原則，否則餡裡汁水一流出來，就不香啦。

餃子一定要包而不能擠（餃子館圖快一擠一個，所以不好爲也不好吃），餃子的飛邊不能太寬，能捏起來煮熟不裂嘴就行，爲了避免邊太寬，自然餡兒就不會包得太少啦。有人喜歡拌餡兒的時候多加香油，那是最容易反胃的，吃飽了一打嗝兒，香油味往上一沖，那可就慘啦。近幾年臺灣的餃子館頗爲流行，磕頭碰腦到處都是餃子館，可是究竟有幾家合乎標準，去了一次還想再去的，那祇有天曉得了。

說到飯館子裡用的湯水，北方飯館頂多用些肉骨頭，鷄鴨架裝來熬湯，已經是上上之選了，有些小飯舖根本沒預備什麼好湯水，客人要高湯，拿豬油醬油用開水一沖，有香菜洒上點香菜，俗所謂神仙湯，就給您端上來啦。南方人喜歡吃魚蝦海味，所預備的湯水，也就比較講究啦。從前江亢虎先生有一怪癖，每到一家新的飯館進餐，照例先要一碗高湯嘗嘗，從這碗高湯，就能斷定灶上的手藝高低，沙灘北河沿一帶大小飯舖都知道江老師這種特嗜，北大紅樓的同學們曾經共賜嘉名稱之爲「高湯大王」，他居然居之不疑，認為一般學弟都是孺子可教呢！

北平旗籍人士都會吃「菜包」，是清太祖還沒定鼎中原，在關外狩獵時遺留下來的一種吃法，據說有一次他們跨嶺越溪，走到一處巑岏分立的山窪子裡，當時矢盡糧絕，眼看就要捱餓，忽然飛來一群野生鳩鴿，被他們紛紛弋獲，侍衛們認為是天禧祥瑞，於是做成肉醬，拌在油炒飯裡，用菜葉包裹，舉行祓祭，然後讓隨行將士飽餐一頓，從此把那種鳩鴿命名「祝鳩」，並把這種祭典稱之為祝鳩祭。梁教授說是清廷教王室每年初冬紀念先烈作戰絕糧，以生菜葉充飢一種吃法，是大致相同的。

筆者在北平吃菜包，有時覺得白菜太大，幫子太厚，於是改用生菜，葉脆而薄，比起白菜更為適口，在炒飯裡加點廣東臘腸或是叉燒，比用肉末豆腐崧又別是一番滋味，尤其是用關東滷蝦醬，炒飯更是妙不可言。至於用麻豆腐拌飯吃菜包，祇是聽說，迄未嘗試，料想一定也是別有一番不同滋味的，可惜綠豆渣做的麻豆腐，此間無處可買，祇好將來回到大陸再吃吧。梁教授為了張先生的書，但想太多，我是讀了之後五味紛呈，饞癮大作，敢就所知，拾掇成篇聊抑飢渴吧！

過橋米線的故事

江浙人到麵館吃麵點，關照堂倌要過橋，是麵劑加重，澆頭加多。而雲南過橋米線，就另有說詞啦。

傳說中在雲南蒙自縣元江流域潴滀停洄，匯爲湖泊，湖中有一座景物清幽的小島，有一位仕子每天在島上攻讀，他的妻子每天要從家裡走過漫長的木橋，來給他送飯。炎炎夏日每天還可以吃到熱氣騰騰的飯菜，可是到了冬天，湖上霜風冽冽，飯菜懷冰凍饌，就無法下嚥了，她費盡心思，想了若干方法，結果都無法保溫，她深感仕子終日埋書城孳孳爲學，連點熱湯水都不能到嘴，自覺慚汗又感內疚。有一天她燉了一隻肥母鷄，打算送去給仕子佐餐，突然一陣頭暈，等她清醒過來，午飯時間已過，日漸西沉，她正擔心仕子吃不上熱飯，可是一摸湯碗，依舊很熱，嘗嘗鷄湯還熱得燙人，她看看湯上浮著一層金漿脂潤的鷄油，頓時明白了鷄油能夠聚熱保溫，後來她試著把飛薄的生魚片，放在熱鷄湯裡，一燙就熟，而且肉嫩滑香，鮮腴可口，於是她每天帶著布滿黃油濃郁的熱鷄湯，和片好生魚片米線，走過長橋送給丈夫，讓他享受甘肥適口熱氣騰騰的美味，而這種膾炙人口別具風味的過橋米線留傳下來，讓我們大快朵頤，現在除了少數雲南省籍的同胞外，知道過橋米線故事的人，恐怕就不多了。

談談竇娥冤

雅音小集演出的竇娥冤，是由孟瑤女士根據關漢卿雜劇原著改編的，衡度劇情分爲夜訪、逼婚、害命、公堂、法場、托兆六場戲。托兆上魂子，郭小莊有活捉，負桂英兩戲的經驗，駕輕就熟，行雲流水，紆袖唬妝，自然勝任裕如。不過教育部國劇本審查委員會認爲戲劇是敎忠敎孝，天道好還，倡導善良風俗，社教功能的動力，所以把結尾劇情，大幅改動，刪去竇娥被斬，改爲父女團圓，化悲劇爲喜劇收場。這一改不禁讓我想起程硯秋初演金鎖記一段往事來了。

程硯秋的智囊團，當初把六月雪增益頭尾，改名金鎖記的時候，最初是由業餘編劇家李友莊（李鶴年長公子）執筆，再由樊雲門、羅癭公幾位加以潤色的，最初也是以關漢卿感天動地竇娥冤雜劇爲藍本。第一次響排，給尙小雲編劇的清逸居士也蒞臨觀賞，看完之後清逸居士認爲此劇雖有六月飛雪，亦難洗竇娥之冤，平觀衆之忿，但程尙素不相犯，而清逸與樊山意見又時時相左，當面自未便有所建白，於是把自己意見告訴了袁伯夔。袁自命前清遺老，在葛京頤養時期捧程入迷，跟樊羅二人都有深厚交誼，經他的婉轉陳說，才根據明代傳奇作家葉憲祖的金鎖記情節改成冤獄平反，父女夫妻大團圓終場。程在三慶園首演金鎖記，法場一段把竇娥橫罹冤酷，形容得蒼涼殄瘁，唱白則情眞語摯哀怨動人。當時北平戲園子還是男女分座，在場女座個個抽巾拭淚，男座也都眼紅鼻酸，北大校花馬珏說：「我聽法場一段，已經淚濕羅裳，如果沉冤難雪，殞命法場，回到家裡，恐怕連晚飯都難下嚥了。」

小莊此劇夜訪情調的優美，逼婚的繁複撲跌，公堂受刑的身段，法場哀絕的唱做，小莊樣樣都優爲之，最後一場從悲劇改爲喜劇，雖然略去托兆的鬼魂戲，沒法克展所出，可是以整個劇情來說，是盡美矣又盡善，她的嘔心瀝血不是沒有代價的。

成吉思汗大祭跟那達穆競技大會

農曆三月二十一日，是元朝開國之主，元太祖成吉思汗大祭之期，俗稱「三月會」蒙古同胞都到他的陵寢祭拜，以示崇敬。民國二十三年筆者因爲運冀蒙牛問題，奉財政部令派到百靈廟跟德王洽議運銷事宜，恰巧正趕上成吉思汗大祭盛典，幸獲隨同前往瞻仰。

元太祖名鐵木眞，是歷史上唯一征服俄國的偉大英雄，武功顯赫，爲百世之雄，諸王群臣奉爲共主，尊稱成吉思汗。他在遠征西夏時候，因墜馬病死在甘肅固原的清水縣，他的陵寢，在綏遠省東勝縣以西九十八公里伊克昭盟伊金霍洛旗境內，他死在清水葬在伊金霍洛旗還有一段動人傳說：一次在遠征西夏路過伊金霍洛，馬鞍子失手落地，侍從去拾，被他阻止。他說：無故落地，事出有因，他環顧四周，認爲此地有山有水有草原，是老埋骨好去處，我死之後，就以此處作伴眠之地吧！說完就命左右就地掘土，將馬鞍子埋下去，堆成一個大土壤，命名「賽爾特勞垓」。成吉思汗駕崩，諸王按照他的遺囑，將他遺體從清水縣運到鄂爾多斯的高原伊金霍斯安葬。

這片陵園建築在林木明秀，湖水凝綠，衛以崇垣的禁地上，園陵明堂，殿宇崇閎，高約八丈有餘，分前後兩殿，跨入前殿迎面是巨幅成吉思汗畫像，這位一代天驕，目若懸珠，斐斐有光，銀髯飄胸，當年雄姿俊發，叱吒風雲的英氣，仍然令人肅然起敬。據說這幅畫像，是追隨他多年一位謀臣古拉揚特精心之作，所以特別傳神，可惜殿內不准攝影，祇能供參謁者瞻謁憑弔而已。供桌上除了塗金錯銀的尊彝罍卣外，放著相傳是成吉思汗當年斬將搴旗最趁手的兵刃，兩把冷氣森森的馬刀，畫像兩邊豎立著紅纓黃杯，蒙古同胞認爲神器的「蘇魯錠」（蒙古話長茅的意思）。

關於蘇魯錠有一個傳說：有一次成吉思汗在土拉河戰鬥中打了敗仗，當時他跪下來向上蒼乞援，霎時只見從天上飛來一支又黑又大的蘇魯錠，他高興萬分，伸手欲接，蘇魯錠卻懸在天空不下來，成吉思汗連忙立誓，日後要用一千隻綿羊祭典，這樣蘇魯錠才應手而落，幫助他殺出重圍。所以每年成吉思汗大祭，蒙古族人另外用達斯門（山羊皮）祭典蘇魯錠的風俗，在祭典時，除了用山羊皮割成若干細絲，修補蘇魯錠的鎗纓子外，還要唱蘇魯錠的祭詩。當年吳禮卿（忠信）先生主持蒙藏委員會時，曾經有人把蒙文譯成漢語，不但詞句優美，而且聲調鏘鏘，可惜事隔多年，不復省憶了。

閟宮寢殿正中並排陳列三頂黃色綢幢，（蒙人叫它靈包）包內安放著成吉思汗同兩位夫人的靈柩，據說棺木是銀質，周圍嵌以黃金雕琢的圖案，並演鑲珍珠寶石，靈包後有一木架，上面安放一具藻繪複雜漆皮馬鞍子，當然也是成吉思汗生前戰馬的韁轡。由後殿穿過東西過庭，就是東西配殿。

靈宮外有一遍廣袤數十畝的平坦場所，繼大祭之後，每年五月十三日在此舉行「朱勒格」禮祭典，在舉行「那達穆大會」朱勒格祭前，先把一匹白馬繫在陵前一根金色樁子上，祭典開始用蒙古古典樂奏，按爵秩依次獻上哈達，明燈，羊肉脊背，油酥點心，葡萄酒，馬奶，鮮果，香燭各樣祭品，然後由各地來的代表，把隨身帶來的馬奶，倒在半人高的木桶裡，倒滿了就象徵這一年裡牧業興旺。然後由領頭的代表，拿起杓子在木桶裡盛滿一勺，朝天潑洒，那時跟在後面的人，就齊聲歡唱「豐收讚」「樂太平」歌詞，領頭代表這時正式宣布那達穆大會開始，於是賽馬，摔跤，射箭三項蒙古傳統性公開競技陸續登場。

「賽馬」參加的人祇限於男人，內蒙人管參加選手叫「鄂熱呼奈瓜熱奔」是競技勇士的意思。在大漠中騎馬是蒙古男女老幼，日常生活必不可少的，凡是騎術特別精湛的健兒，就要在一年一度的大會上顯身手了。賽馬開始，一聲令下，參加比賽的人馬，像弩箭激射而出，疾風一般的捲過綠色草原，忽而揮臂加鞭，忽而蹬裡藏身，技巧百出，看得人目瞪口呆，比西人賽馬那要驚險刺激多多了，最後那位賽者取得終點紅旗，立刻被人擁簇著馬披紅，人插花大家尊稱本年第一騎士，受到聚族的尊敬。

「摔跤」是蒙古人特別喜愛的一種體育活動，也是那達穆大會上主要競技項目。參加比賽的人，都要穿上「召得格」，那是一種粗布納成的坎肩，又叫褡褳，（不像我們現在摔跤選手穿的短褂子，兩人一撕擄，立刻褂鬆帶斜。）上面釘有若干金屬扣子和鋼釘，講究一鼓氣，褡褳跟身上肌肉緊得嚴絲合縫，讓對手無處摳拉。腰裡繫上牛皮板帶，下身穿色彩列綠的短褲，足蹬短筒牛皮戰靴，又叫踢死牛。衣服上鏤金采牒，盛飾增威，凡是穿這種衣服進場者，就被稱爲「布和」，就是摔跤手。這種摔跤，不分輕重級別，願者下場，一跤摔輸，即被淘汰，如果當場傷摔斃命，布和不必賠償抵命，所以一般摔跤手都是彪形大漢體健如牛的人，才敢下場子跟人交手。出場之前，雙方互唱賽前歌詞，然後跳躍進場，表示相互謙讓，並向觀衆敬禮。摔跤是鬥力鬥智，兩者兼備的比賽，該用力時，有如雄獅搏兔，雷霆萬鈞，該用智時，應有狡兔的敏捷刁鑽，巧閃柔翻，獲勝一方，可以得到「色音和布」頭銜（勇敢的摔跤手），再到其他地區，尋找對手比賽，如果連續獲勝，他就成爲勇冠全疆，崇高榮譽的勇士了。

「射箭」是那達穆大會最初主要活動項目，在公元八百多年前，蒙古人聚族而居大小部落有上百種之多，他們的經濟生活分遊牧狩獵兩種。在成吉思汗統一蒙古後，雖然獵狩部落，也逐漸轉受為遊牧方式，但獵狩時期，積年累月拉弓射箭的本領，卻保留下來以防外敵侵犯，或野獸襲擊畜群，甚至於有極少數，比較固執的部落，因為沒有大批的畜群，則仍依賴弓箭捉捕鼯齒頭小動物來維生，由於弓箭是蒙古人生活上必不可少的武器。人們也因而也尊重那些優秀神箭手，而身懷絕技的射手們，也樂於有個機會表演或比賽，顯露一下自己的技藝，所以到民國二十四年農曆五月十三日蒙古人視同嘉年華會的那達穆大會，射箭始終是主要項目之一。現在雖然事隔多年，可是每逢成吉思汗祭日跟那達穆大會，會期，種種熱鬧情景，就會重回腦際，現在是否照舊舉行，或改變了方式，夜幕低垂，北望天蒼蒼地茫茫的浩瀚大漠，心裡就有一種抑鬱難伸的悵望。

唐魯孫先生作品介紹

老古董

本書專講掌故軼聞，作者對滿族清宮大內的事物如數家珍、而大半是親身經歷，所以把來龍去脈說得詳詳細細、本書有歷史、古物、民俗、掌故、趣味等多方面的價値，更引起中老年人的無窮回憶，增進青年人的知識。

定價二〇〇元

酸甜苦辣鹹

民以食爲天，吃是文化、是學問也是藝術，本書作者是滿洲世家，精於飲饌，自號饞人，是有名的美食家。又作者足跡遊遍大江南北、對南北口味烹調、有極細致的描寫、有極再行的評議。本書看得你流口水，愈看愈想看，是美食家、烹飪家、主婦、專家學生及大衆最好的讀物。

定價二二〇元

大雜燴

作者出身清皇族，是珍妃的姪孫，是旗人中的奇人，自小遊遍天下，看的多吃的多，所寫有關掌故，飲饌都是親身經歷，「景」「味」逼眞，本書集掌故、飲饌於一書「大雜燴」。

定價二〇〇元

南北看

作者出身名門，平生閱歷之豐，見聞之廣，海內少有。本書自劊子手看到小鳳仙，自衙門裡的老夫子看到盧燕，大江南北，古今文物，多少好男兒，奇女子，異人異事……一一呈現眼前，是一部中國近代史的通俗演義。

定價二〇〇元

老鄉親

唐魯孫先生的幽默，常在文中表露無遺，本書中也隱約可見其對一朝代沒落所發抒舊情舊景的感懷，無論是談吃、談古、談閒情皆如此，但其憂心固有文化的消失殆盡。再再流露出中國文人的胸襟氣度。

定價二〇〇元

故園情《上》

凡喜念舊者都是生活細膩的觀察者，才能對往事如數家珍。故園情上冊有唐魯孫先生的記趣與評論，舉凡社會的怪現象、名人軼事　對藝術的關懷，或是說一段觀氣見鬼的驚奇，皆能鞭辟入裡栩栩如生。

定價一八〇元

故園情《下》

喜歡吃的人很多，但能寫得有色有香有味的實在不多，尤其還能寫出典故來，更是難能可貴。唐魯孫先生寫的吃食卻能夠獨出一格，不僅鮮活了饕餮模樣，更把師傅秘而不傳的手藝公諸同好與大家分享。

定價一八〇元

唐魯孫談吃

美食專家唐魯孫先生，不但嗜吃會吃也能吃，無論是大餐廳的華筵餕餘，或是夜市路邊攤的小吃，他都能品其精華食其精髓。本書所撰除了大陸各省佳肴，更有台灣本土的美味，讓人看了垂涎欲滴。

定價一八〇元

國家圖書館出版品預行編目資料

大雜燴 / 唐魯孫著. -- 七版. -- 臺北市：大地，2000〔民89〕
面： 公分. -- （生活美學；3）（唐魯孫作品集；3）

ISBN 957-8290-06-3（平裝）

1. 飲食

427　　89000974

大雜燴

生活美學 3

作者：唐魯孫
創辦人：姚宜瑛
發行人：吳錫清
主編：陳玟玟
封面設計：曾堯生
法律顧問：余淑杏律師
出版者：大地出版社
台北市內湖區環山路三段二十六號一樓
劃撥帳號：○○一九二五二一—九
戶名：大地出版社
電話：(○二)二六二七七七四九
傳真：(○二)二六二七○八九五
印刷者：聖峰美術印刷有限公司
七版一刷：二○○○年一月
定價：二○○元

E－mail：vastplai@ms45.hinet.net　　Printed in Taiwan

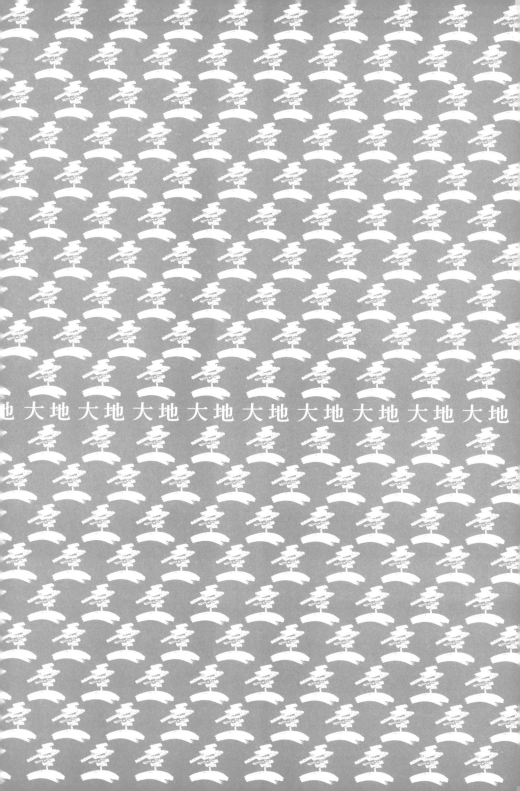

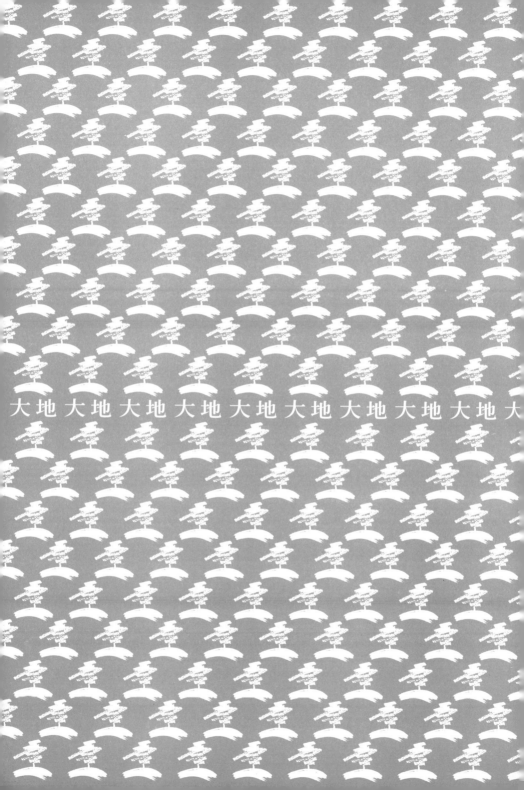